今すぐ使える

Ubuntu
ウブントゥ

入門ガイド

Linuxをはじめよう

阿久津良和 [著]

技術評論社

目次

第1章　Ubuntuを使う前に ……………………………………… 9

01　LinuxはどんなOS？ ………………………………………… 10
大学生によって開発が始められたOS

02　UbuntuはどんなLinux？ …………………………………… 12
無償で使えるパソコン用OS
長期サポートされるLTS版

03　Ubuntuはどんなパソコンにインストールできる？ ……… 14
2005年以降のパソコンならほぼOK
トラブルは自分で解決する

04　パソコンにUbuntuをインストールしよう ………………… 16
パソコンにUbuntuをインストールする
アップデートを実行する

05　USBメモリーからUbuntuをインストールしよう ………… 24
ファイルをダウンロードする
ISOファイルをUSBメモリーに書き込む

第2章　Ubuntuの基本をマスターしよう …………………… 29

01　Ubuntuを起動しよう ………………………………………… 30
Ubuntuを起動する
Ubuntuを終了する

02　Ubuntuのデスクトップを理解しよう ……………………… 32
Ubuntuのデスクトップを確認する

03　Ubuntuのアプリを起動しよう ……………………………… 34
アプリの起動と切り替え方法
ウィンドウを最大化する
ウィンドウを最小化する
ウィンドウの移動とサイズ変更
デスクトップを2分割する

04　よく使うアプリをランチャーに登録しよう ………………… 40
アプリのアイコンをランチャーに登録する
アプリのアイコンの順番を入れ替える
アプリをランチャーから解除する

05　Ubuntuで日本語を入力しよう ……………………………… 44
日本語を入力する

第3章　Webページを閲覧しよう　　47

01　Firefoxを起動しよう　　48
　　Firefoxを起動する

02　Webページを検索しよう　　50
　　検索バーでWebページを検索する
　　ワンクリック検索エンジンを利用する
　　ワンクリック検索エンジンを整理する
　　検索エンジンを追加する

03　複数のWebページを開いてみよう　　54
　　新しいタブを開く
　　不要なタブを閉じる／再び開く
　　タブの順番を入れ替える
　　別ウィンドウで開く

04　よく見るWebページをブックマークに登録しよう　　58
　　ブックマークに登録する
　　ブックマークを開く

05　Firefoxの設定を変更しよう　　60
　　ホームページを変更する
　　ほかのFirefoxと同期する

06　Google Chromeをインストールしよう　　64
　　「GDebiパッケージインストーラー」を導入する
　　パッケージをインストールする

第4章　メールを利用しよう　　67

01　Thunderbirdを起動しよう　　68
　　Thunderbirdを起動する

02　メールアカウントの追加やそのほかの設定をしよう　　70
　　署名を追加する
　　メールアカウントを追加する
　　迷惑メールの誤認識を防ぐ設定をする

03　メールを送受信しよう　　72
　　メールを受信する
　　メールを送信する

04　メールにファイルを添付して送信しよう　　74
　　ファイルを添付する
　　添付ファイルを保存する

05 メールを整理しよう ……………………………………………… 76
　　フォルダーを作成する
　　振り分け条件を設定する
　　検索でメールを絞り込む
　　アーカイブにメールをまとめる
06 アドレス帳から送信先を指定できるようにしよう ……… 80
　　アドレス帳を整理する
　　アドレス帳からメールを作成する
　　メールアドレスの補完機能を利用する

第5章 Ubuntuのファイル操作をマスターしよう …… 83

01 ホームフォルダーのしくみを理解しよう ………………… 84
　　ランチャーからホームフォルダーを開く
　　フォルダーを開く
02 ファイルやフォルダーの表示方法を変更しよう ………… 86
　　アイコンの表示形式を変更する
　　アイコンの表示サイズを変更する
03 ファイルやフォルダーを作成／削除しよう ……………… 88
　　新しいフォルダーを作成する
　　ファイルやフォルダーの名前を変更する
　　ファイルやフォルダーを削除する
　　ゴミ箱のファイルやフォルダーをもとに戻す
04 ファイルやフォルダーを移動／コピーしよう …………… 92
　　ファイルやフォルダーを移動する
　　ファイルやフォルダーをコピーする
　　移動またはコピーを選択できるようにする
　　メニューからファイルやフォルダーを移動する
　　同名のファイルやフォルダーがある場所に移動する
05 ファイルを検索しよう …………………………………… 96
　　検索を実行する
　　検索条件を追加する
06 ファイルを圧縮／展開しよう ……………………………… 98
　　圧縮ファイルを作成する
　　圧縮ファイルを展開する

第6章 写真や動画を楽しもう … 101

01 Shotwellの初期設定をしよう … 102
Shotwellを起動して画像ファイルを取り込む

02 Shotwellの基本操作をマスターしよう … 104
画像ファイルを表示する
撮影日から表示する
簡易フォトレタッチを行う
タグを追加する

03 Shotwellで写真を送信／公開しよう … 110
メールで画像を送信する
Facebookで公開する

04 家庭で作ったDVD／Blu-rayのビデオを再生しよう … 114
VLCメディアプレイヤーを起動する
DVDビデオを再生する
VLCメディアプレーヤーの操作方法

05 HandBrakeで動画ファイルの形式を変換しよう … 118
HandBrakeで動画ファイルを変換する

06 そのほかの写真／動画アプリを試そう … 120
おすすめの写真／動画アプリ

第7章 音楽を楽しもう … 123

01 Rhythmboxで曲を再生しよう … 124
コンポーネントをインストールする
Rhythmboxで音楽を再生する
プレイリストを作成する
プレイリストを編集する

02 タブレットやスマートフォンに曲を転送しよう … 128
スマートフォンに曲を転送する

03 インターネットで曲を購入しよう … 130
曲をダウンロード購入する

04 Rhythmboxのプラグインを導入しよう … 132
プラグインを追加する
プラグインを起動する
そのほかのプラグインを確認する

05 そのほかの音楽再生アプリを試そう … 136
Rhythmbox以外のおすすめ音楽再生アプリ

第8章 無料のOfficeを使ってみよう … 139

01 LibreOfficeってどんなソフト？ … 140
LibreOfficeを構成するアプリ群

02 ワープロで文書を作成しよう【Writer】 … 142
Writerを使用する
Word文書ファイルを開く
テンプレートを利用する

03 表計算ソフトで表を作成しよう【Calc】 … 146
セルに文字や数字を入力する
セルに日付を入力する
セルの書式を設定する

04 プレゼンテーションの資料を作成しよう【Impress】 … 150
プレゼンテーションデータを作成する
スライドの内容を確認する

第9章 周辺機器を利用しよう … 153

01 外付けハードディスクを使ってみよう … 154
外付けハードディスクにファイルをコピーする
外付けハードディスクを初期化する

02 無線LANを使えるようにしよう … 156
通知領域から操作する
無線LANから切断する

03 プリンターで印刷できるようにしよう … 158
プリンターを追加する
プリンターの設定を行う
ネットワークプリンターを追加する

第10章 Ubuntuをもっと活用しよう … 161

01 アプリをインストールしよう … 162
アプリ名を指定してインストールする
カテゴリーの一覧からアプリを探してインストールする

02 さまざまなアプリをインストールしよう … 166
Ubuntuで使いたいおすすめアプリ

03 Ubuntuのシステム設定を変更しよう … 170
「システム設定」を起動する
ロック画面に関する設定をする
キーボードショートカットを追加する
既定の動作を設定する

04 新しいアカウントを追加しよう　174
　　ユーザーアカウントを作成する
　　新しいユーザーアカウントでログインする

05 画面表示の設定を変更しよう　178
　　テーマを変更する
　　背景画像を変更する
　　背景画像を単色にする
　　Tweak Toolでカスタマイズする

06 ワークスペースを活用しよう　184
　　ワークスペースを有効にする
　　ワークスペースを使う
　　ワークスペース間でウィンドウを移動させる

07 Dropboxを活用しよう　188
　　Dropboxをインストールする
　　Dropboxにアップロードする

08 ファイルを自動バックアップしよう　192
　　バックアップメディアを用意する
　　自動バックアップを設定する
　　バックアップを今すぐ実行する
　　バックアップデータを復元する

09 セキュリティを強化しよう　200
　　Gufw Firewallをインストールする
　　ルールを作成する

10 Ubuntuをアップデートしよう　202
　　アップデートを実行する
　　アップデートの設定を変更する

Appendix　付　録　205

01 仮想環境にUbuntuをインストールしよう　206
　　VirtualBoxのダウンロードとインストール
　　仮想マシンを作成する

02 仮想環境にインストールしたUbuntuの使い方　212
　　仮想マシン上のUbuntuを操作する

03 UbuntuとWindowsを両方使えるようにしよう　214
　　インストール場所を確保する
　　Ubuntuをインストールする
　　パソコンを起動する
　　不要になったUbuntuを削除する
　　ブートマネージャーをクリーンアップする

索引　222

本書に記載された内容は、情報の提供のみを目的としています。したがって、本書を用いた運用は、必ずお客様自身の責任と判断によって行ってください。これらの情報の運用の結果について、技術評論社および著者はいかなる責任も負いません。

本書記載の情報は、2016年7月末日現在のものを掲載していますので、ご利用時には、変更されている場合もあります。また、ソフトウェアに関する記述は、特に断りのないかぎり、2016年9月末日現在での最新バージョンをもとにしています。ソフトウェアはバージョンアップされる場合があり、本書での説明とは機能内容や画面図などが異なってしまうこともあり得ます。

付属のDVD-ROMには、「Ubuntu 16.04 LTS 64bit」を収録しています。DVD-ROMの利用は、必ずお客様自身の責任と判断によって行ってください。DVD-ROMを使用した結果生じたいかなる直接的・間接的損害も、技術評論社、著者、プログラムの開発者およびDVD-ROMの制作に関わったすべての個人と企業は、一切その責任を負いません。

以上の注意事項をご承諾いただいた上で、本書をご利用願います。これらの注意事項をお読み頂かずに、お問い合わせ頂いても、技術評論社および著者は対処しかねます。あらかじめ、ご承知おきください。

●Ubuntuは、Canonical Ltd.の商標または登録商標です。●Linuxは、Linus Torvaldsの米国およびその他の国における商標または登録商標です。●Microsoft、Windowsは米国Microsoft Corporationの米国およびその他の国における、商標ないし登録商標です。●その他記載されている会社名、製品名等は一般に各社の商標および登録商標です。

第 1 章

Ubuntuを使う前に

01　LinuxはどんなOS？
02　UbuntuはどんなLinux？
03　Ubuntuはどんなパソコンにインストールできる？
04　パソコンにUbuntuをインストールしよう
05　USBメモリーからUbuntuをインストールしよう

01 LinuxはどんなOS？

> LinuxはWindowsと違い、無料で利用できるパソコン用OSです。Linuxのソースコード（もととなるプログラム）は誰でも入手でき、自由にカスタマイズできるため、世界中のユーザーが改良やバグ修正を行い、今この瞬間もOSの完成度を高め続けています。

大学生によって開発が始められたOS

Linuxの起源は、フィンランドのヘルシンキ大学に在籍中だったLinus Torvalds（リーナス・トーバルズ）氏が1991年に開発を始めたOSのカーネル（OSの中核となる部分）です。もとは教育用のUNIX系OSとして知られるMINIX（ミニックス）を模写することが目的で、当初は貧弱なOSでしたが、メーリングリストでの公開を機に（**図1**）有志が開発を進めるようになり、やがて充実した機能を備えるようになりました。

Linuxが稼働するプラットフォーム（ソフトウェアが動作する土台）は、当初は一般的なパソコンに限られていました。多くの開発者が参加することで、現在はさまざまなCPUにも対応するようになりました。

このように、LinuxはTorvalds氏が中心となって作成したカーネルを指し、発展してきたものですが、それだけでは多くのユーザーが使うことはで

> **Memo**
>
> Linuxの読み方に決められたルールはありませんが、作者のTorvalds氏はスウェーデン語の発音として「リーヌークス」と読んでいます。またTorvalds氏が英語圏の人間ではないため、どのように呼んでもらっても構わないと述べており、日本では「リナックス」と呼ばれるのが一般的です。

図1 Linuxのマスコットキャラクター「Tux（タックス）」は、メーリングリストでのやり取りのなかで生まれたと言われている。いくつかの候補があったが、Torvalds氏がペンギンを好んでいることからこのイラストが選ばれた

図2 Linuxディストリビューションの1つ「Debian（デビアン）GNU/Linux」

きません。そこで、容易に導入できるようにインストーラーを作成し、日常的に使用するウィンドウシステムやサービス、アプリケーション群をひとまとめにしたパッケージを配布するようになりました。これが「Linuxディストリビューション」と呼ばれるものです。内容や構成はディストリビューションによって異なりますが、日本国内では「Ubuntu（ウブントゥ）」や「CentOS（セントオーエスまたはセントス）」などが有名です（図2）。

　私たちがよく知るWindowsと同様に、Linuxも個人のパソコンからサーバー、大型コンピューターなどで幅広く利用されています。他方でIoT[※1]分野でも広く使われ、一部の開発者に人気の「Raspberry Pi（ラズベリーパイ）」[※2]のOSとしても採用されています。また、Windows環境でもUbuntuが使用可能になるなど、幅広い分野でLinuxは使われています（図3）。

Memo

UNIX（ユニックス）は、1969年に米国AT&Tのベル研究所で、Dennis Ritchie（デニス・リッチー）氏およびKen Thompson（ケン・トンプソン）氏によって開発が開始されたOSです。ソースコードの可読性とコンパクトさが好評で、当時の大学や研究機関を中心に普及していきました。LinuxがUNIXライクなOSであるとよく言われるのは、Linus Torvalds氏がUNIXの派生OSであるMINIXをベースにしてLinuxの開発を始めたことによります。

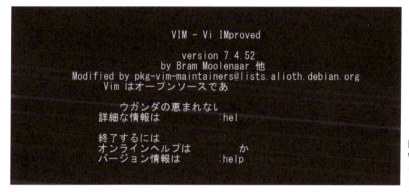

図3　2016年8月にリリースされたWindows 10 Anniversary Updateでは、「Bash on Ubuntu on Windows」としてUbuntu環境が使用可能になった

Column

Linuxのライセンス体系

　LinuxはMINIXを模写する目的で開発が始められたと前述しましたが、結果として、既存のOSを流用することなくゼロから作成されたOSとなりました。そのため、これらの著作権はGNU GPL（General Public License）というライセンス体系（利用規約）に基づいて管理されています。

　GNU GPLは、1980年代に米国の有名なプログラマーであるRichard Stallman（リチャード・ストールマン）氏が、フリーソフトウェアだけで構成された「完全なUNIX互換ソフトウェアシステム」を開発するために作成したフリーソフトウェアライセンスです。プログラムの実行や調査、改変、複製物の再頒布や改良版をパブリックに公開する権利を認めています。

　一般のライセンスと大きく異なるのは、二次的著作物についても各種権利を保護する点です。たとえばGPLでライセンスされたプログラムを改変した場合、そちらもGPLが適用されます。このように　Linuxはだれでも自由に改変・再配布できますが、改変・追加した部分は無償公開しなければならないというルールがあります。

[※1] Internet of Thingsの略称で、IT機器だけではなく、さまざまな「モノ」をインターネットに接続すること
[※2] ARMプロセッサを搭載したシングルボードコンピューターのこと

02 UbuntuはどんなLinux？

「Ubuntu」は、Canonical（カノニカル）社が支援するUbuntu Projectによって開発が行われているLinuxディストリビューションです。Debian GNU/Linuxをベースとし、開発の目標として「誰にでも使いやすい、最新かつ安定したOSを提供すること」を掲げています。

無償で使えるパソコン用OS

Ubuntuは、Linuxディストリビューションの1つであるため、無償で使用できます。一部のフリーソフトのように、ビジネスで利用するパソコンにインストールしても、使用料金を支払う必要はありません。また、ライブCDとしてパソコンにインストールせず、光学ドライブからUbuntuを起動して使うことも可能です（P.28参照）。

メールソフト、Web ブラウザー、フリーのOfficeソフト（Libre Office：リブレオフィス）、写真や動画の閲覧用ソフトなどを標準で備えているため、Windows に似たパソコン環境をかんたんに構築できます（図1）。これらのアプリやサービス、ツールは「パッケージ」と呼ばれる形態で配布されています。

ユーザーインターフェイスはGNOME（グノーム）ですが（P.13のColumn参照）、アプリを使用するデスクトップは、「Unity（ユニティ）」と呼ばれるデスクトップ環境を採用しています。左端にアプリを起動するランチャー（Dock）が並び、Ubuntuのロゴを模したボタンをクリックすると、Dashと呼ば

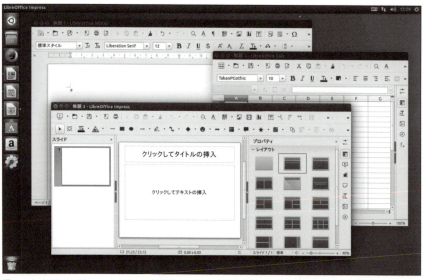

図1　LibreOfficeはMicrosoft Officeと互換性のあるアプリで構成される、無料で利用できるオフィススイート

れる検索パネルからアプリやファイルを探し出せます（**図2**）。また、アプリのインストールもかんたんに行えます。このデスクトップ環境は、ユーザーの好みに応じて変更できます。

図2　UnityのDashから各種アプリやファイルなどを自由に検索できる

長期サポートされるLTS版

　Ubuntuは基本的に4月と10月という半年ごとのバージョンアップを行う通常版と、2年間隔で4月にリリースし、最大5年間のサポートが受けられる長期サポート版（LTS:Long Term Support）の2種類が存在します（**図3**）。本書で扱うUbuntu 16.04 LTSは2016年4月21日をリリース日としているため、サポート期間は2021年4月まで。つまり2018年にリリースされる予定のUbuntu 18.04 LTSをスキップしても、そのまま利用できます。ただし、「次の次」にあたるUbuntu 20.04 LTSがリリースされた場合はアップデートしたほうがよいでしょう。

　なお、ここで言う「サポート」とはアップデートが適用される期間、パッケージが提供される期間を意味し、電話などによる問い合わせへの対応のことではありません。

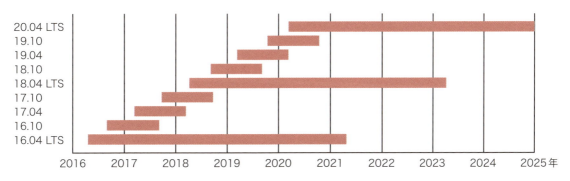

図3　Ubuntuのサポート期間を図で表したもの。LTS版は最大5年のサポート期間がある

Column

GNOMEとは？

　GNOMEは「GNU Network Object Model Environment」の頭文字を取った言葉で、LinuxのGUIデスクトップ環境、もしくは開発・提供するプロジェクトを指します。1990年代後半から開発をスタートし、当初はWindows風のユーザーインターフェイスを備えていましたが、2004年のバージョン2.8以降は少しずつmacOS（OS X）風のインターフェイスを採用し、現在に至っています。GNOMEの最新バージョンは3.20ですが、Ubuntu 16.04 LTSでは、バージョン3.18を採用しています。

03 Ubuntuはどんなパソコンに インストールできる?

> Ubuntuのシステム要件は厳しくありません。Windows 7が動作するレベルのパソコンであれば、十分にインストールが可能です。もちろんスペックが高いほどUbuntuの動作は快適になるため、スペックに余裕があるパソコンにインストールすることをおすすめします。

2005年以降のパソコンならほぼOK

　Ubuntuは32ビット／64ビットパソコンのほか、多くのアーキテクチャをサポートしています。本書DVD-ROMに収録した「Ubuntu 16.04LTS 日本語 Remix」は64ビット版であり、「Ubuntu Installation Guide[※1]」では以下のようなシステム要件を求めています。

　CPUは具体的なクロック数を定めていませんが、SMP（対称型マルチプロセッシング）と呼ばれるマルチコアをサポートしており、なるべく高速なCPUが有利となります。メモリーは256MB、ストレージは10GBを最小構成と定めていますが、デスクトップ環境として使用する場合、メモリーは1GB以上を推奨しています。Windowsと同じく、Ubuntuも速いCPUや大量のメモリーを搭載したパソコンで快適に動作します。古いパソコンでも構いませんが、可能であればIntel Core i7が登場した2008年以降のパソコンを用意しましょう。

　その理由の1つは、前節で述べたUnityの存在です。Unityはグラフィカルな効果を多用しているため、その処理に高い能力を必要とします。必須ではありませんが、CPUのビデオ機能を使うのではなく、ビデオカードやGPU（画像処理用のLSI）を搭載

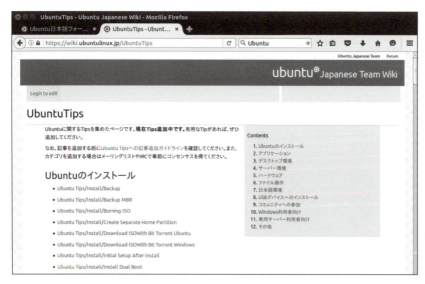

図1　「日本語Wiki」の「UbuntuTips」にアクセスした状態。ちょっとしたTipsや設定の変更方法などがまとめられている（https://wiki.ubuntulinux.jp/UbuntuTips）

するパソコンのほうがより快適に利用できます。

　Ubuntuをインストールする前にP.28の「DVDからUbuntuを起動する」を参考に、ライブCD機能を試してみるとよいでしょう。英語になりますが「Ubuntu Certified hardware[※2]」から動作認証を取ったパソコンを確認することもできます。なお、自分のパソコンのスペックは、コントロールパネルの「システム」から確認できます。

　Ubuntuを使用する上で重要なのがデバイスドライバーです。Windowsで周辺機器（デバイス）を利用するためには、デバイスドライバーをインストールしますが、このしくみはUbuntuも同じです。しかし、デバイスに含まれるドライバーはWindows版やmacOS（OS X）版に限られ、Linux用のドライバーを提供する周辺機器メーカーはほぼ皆無です。マウスやキーボード、USBメモリーなど基本的なデバイスはそのまま使用できますが、プリンターやスキャナーなどはほとんど使えないと思ったほうがよいでしょう。

　ただし、海外でも売られているプリンターやスキャナーは、有志が開発したデバイスドライバーを使える可能性があります。その場合でも、Windows版と違ってすべての機能が使えるとは限りません。

トラブルは自分で解決する

　Ubuntuは無料で利用できるかわりに、市販のソフトウェアのような手厚いサポートは受けられません。このため、デバイスドライバーの検索や、トラブル発生時の対応などは、すべて自分で解決する必要があります。

　自分はもちろん、友人や知人にもトラブルを解決する知識を持ち合わせていない場合は、日本国内でUbuntuの改善と普及を目指している任意団体「Ubuntu Japanese Team」が運営するメーリングリストやWiki、日本語フォーラムなどを参考にしましょう（図1、2）。また、ブログなどで自身のトラブルと解決方法をまとめているユーザーもいるので、Web検索でそれらの情報も活用しましょう。

図2　テーマごとに分類された「日本語フォーラム」。さまざまなトラブルやアイディアが投稿されている（https://forums.ubuntulinux.jp/）

※1　https://help.ubuntu.com/lts/installation-guide/index.html
※2　http://www.ubuntu.com/certification/

04 パソコンにUbuntuを インストールしよう

パソコンにUbuntu 16.04 LTSをインストールしてみましょう。ここでは新しいパソコンへのインストール方法を解説します。Windows 10パソコンにUbuntuを追加したい場合は、「付録02 UbuntuとWindowsを両方使えるようにしよう」をご覧ください。

パソコンにUbuntuをインストールする

1 BIOSの起動設定を確認する

パソコンの電源を投入し、本書の付録DVD-ROMを光学ドライブにセットします。続いて、所定の操作でBIOSセットアップメニューを表示させ、カーソルキーを押して＜Boot＞メニューを選択します①。

Memo

BIOSセットアップメニューの呼び出し方法は、パソコンによって異なります。一般的にはパソコンの電源を投入した直後に Delete キーや F2 キーなどを押して呼び出しますが、詳しくは使用しているパソコンのマニュアルを参照してください。

2 優先起動ドライブを変更する

メニューを表示したら、一覧から＜CD-ROM Drive＞を選択して① + キーを押し②、光学ドライブを最優先に変更(この例では最上段に移動)します。その後、 F10 キーを押します③。

Memo

BIOSのメニュー構成や操作に使用するキーは、パソコンによって異なります。使用しているパソコンのマニュアルや、BIOSセットアップメニューのキー操作一覧(多くのBIOSではウィンドウ内に表示されています。ここでは、手順1の画面の下段の2行)を確認しながら操作しましょう。

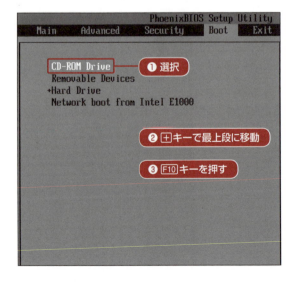

3 設定内容を保存する

変更内容を保存するか確認をうながされます。
＜Yes＞が選択されていることを確認して①、Enter
キーを押します②。これでBIOSに変更内容が保存さ
れ、パソコンが再起動します。

Memo

手順2の状態では、光学ドライブ→リムーバブルデバイ
ス→HDD/SDDなどのストレージ→ネットワークの順番
にパソコンを起動できるか試します。起動までの時間が
遅く感じたら、Ubuntuのインストール後にストレージを
最優先に変更しましょう。

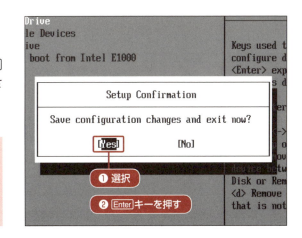

4 Ubuntuのインストーラーが起動する

DVD-ROMからUbuntuのインストーラーが起動し
ます。使用するパソコンの能力によって、起動するま
での時間は異なります。

Column

UEFIの場合

　使っているパソコンがBIOSではなくUEFIを採用している場合は、メニューを呼び出してから＜CDROM
Drive＞を矢印キーで選び①、Enterキーを押します②。GRUBによるメニューが表示されるので、矢印キー
で＜Install Ubuntu＞を選択して③、Enterキーを押します④。このUEFIセットアップメニューの呼び出
し方法や操作方法は、パソコンによって異なります。詳しくはパソコンのマニュアルを参照してください。
ちなみに、Linux系ではOSを起動するブートローダーとして「GNU GRUB（GRand Unified
Bootloader）」が一般的に使われます。

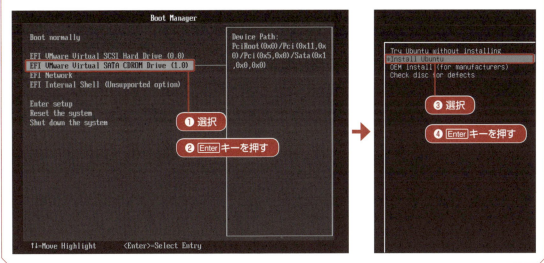

5 インストーラーが起動した

インストーラーが起動したら、＜Ubuntuをインストール＞をクリックします①。

📝 Memo

画面左側に用意されたリストからは、インストーラーの表示言語を変更できます。既定値で日本語が選択されるので、通常は日本語のままにします。

6 インストールオプションを選択する

＜Ubuntuのインストール中にアップデートをダウンロードする＞①→＜グラフィックス、Wi-Fi機器、Flash〜＞②→＜続ける＞の順にクリックします③。

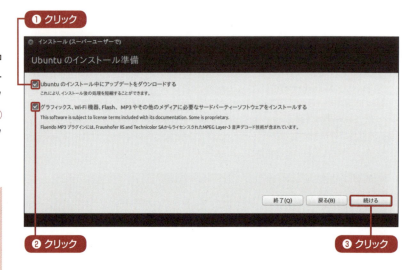

📝 Memo

②の＜グラフィックス〜＞はGPLなどのフリーなライセンスを持たないソフトウェアが含まれます。そのため、完全にフリーな環境になりませんが、パソコンに接続したデバイスを有効活用する場合はこちらをチェックしておきましょう。なお、この操作を行うにはインターネットへの接続が必要です。

7 インストール方法を選択する

ここでは、パソコン上の古いOSを削除してUbuntuをインストールします。＜ディスクを削除してUbuntuをインストール＞が選択されていることを確認してから①、＜インストール＞をクリックします②。

8 操作の確認をする

手順7の操作の確認をうながされるので、問題がなければ＜続ける＞をクリックします①。

📝Memo

「ESP（EFI System Partition）」はUEFIが使用する起動用のパーティションのため、BIOS環境を持つパソコンでは作成されません。「ext4」はLinuxで一般的に使われるファイルシステムです。「スワップ」はメモリーの待避領域として使われるスワップメモリーを指します。

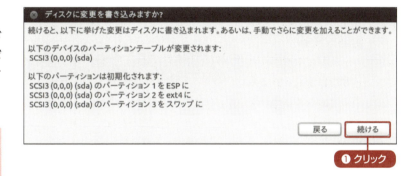

📘Column

インストール方法で選択するオプション

　手順7で選択できる4つのオプションのうち、＜ディスクを削除してUbuntuをインストール＞は文字通りストレージの内容をすべて削除し、新たにパーティションを構成し直してインストールします。＜安全のために新しいUbuntuのインストールを暗号化する＞は各パーティションに暗号化を施します。＜新しいUbuntuのインストールにLVMを使用する＞は、Logical Volume Managerという複数のディスクを1つの論理的なボリュームとして扱うことのできる機能を利用します。＜それ以外＞は手動でパーティションを構成します。

9 タイムゾーンを選択する

自動的に＜Tokyo＞が選択されるので①、そのまま＜進む＞をクリックします②。

> **Memo**
>
> パソコンの設置場所を示すタイムゾーンは、自動的に「Tokyo」が選択されます。異なる場所を設定する場合は、地図で任意の場所をクリックするか、ドロップダウンリストから地域と都市を選択します。

10 キーボードレイアウトを選択する

キーボードのレイアウトは既定値で日本語が選択されるので①、そのまま＜続ける＞をクリックします②。

> **Memo**
>
> 既定値として選択されているのは、109日本語キーボードです。異なる日本語キーボードを利用している場合は、一覧からほかのレイアウトを選択します。

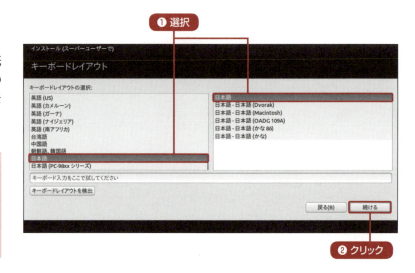

11 アカウントを作成する

アカウントの作成を求められます。ユーザー名、コンピューター名、パスワードなど必要な情報を入力・変更して①、＜続ける＞をクリックします②。

> **Memo**
>
> ＜自動的にログインする＞にチェックを付けると、パスワードを入力せずにUbuntuへログインできますが、セキュリティ性が低下します。＜ホームフォルダーを暗号化する＞にチェックを付けると、パソコンの盗難時などにデータが流出する危険性を軽減できます。

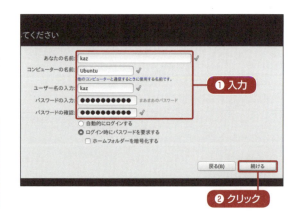

12 インストールが開始する

ここまで設定した内容をもとに、Ubuntuのインストールが開始します。プログレスバーで進捗状況を確認できます①。

> **Memo**
> 画面右端の>をクリックすると、作業内容を示すコマンドラインのウィンドウが表示されます。

❶ プログレスバー

13 パソコンを再起動する

これでUbuntuのインストールが完了しました。＜今すぐ再起動する＞をクリックします①。

> **Memo**
> 以降の操作では、付属DVD-ROMは使用しません。Ubuntuが終了して、パソコンの電源を投入した直後の画面が表示されたら、光学ドライブから取り出します。

❶ クリック

14 Ubuntuにサインインする

Ubuntuが再起動するとログイン画面が表示されます。テキストボックスに手順11で指定したパスワードを入力し①、Enterキーを押します②。

> **Memo**
> P.20の手順11で＜自動的にログインする＞を選択した場合、ここでの操作はありません。

❶ パスワードを入力
❷ Enterキーを押す

15 デスクトップが表示される

これでUbuntuのインストールが完了し、デスクトップが表示されます①。

❶ デスクトップ

アップデートを実行する

1 アップデートを実行する

「アップデート情報」画面が表示されたら、＜この操作を今すぐ実行する＞をクリックします①。

Memo
この操作を行うにはインターネットへの接続が必要です。また、「アップデート情報」画面が表示されない場合は、ここでの手順を実行する必要はありません。

❶ クリック

2 インストールを実行する

確認画面が表示されたら、＜インストール＞をクリックします①。

Memo
＜詳細＞をクリックすると、不足しているパッケージを確認できます。

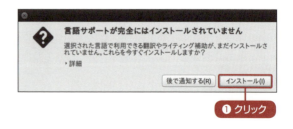

❶ クリック

3 パスワードを入力する

パッケージのインストールには管理者権限が必要です。テキストボックスにP.20手順11で設定したユーザーのパスワードを入力し①、＜認証する＞をクリックします②。

📝Memo

Linuxの世界では管理者をスーパーユーザーと呼んでいます。Ubuntuはユーザーの利便性向上を踏まえ、最初に作成したユーザーのパスワードがスーパーユーザー（root）のパスワードとなります。

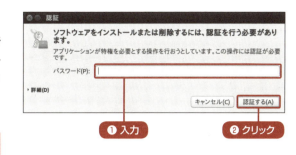

4 不足パッケージのインストールが開始する

これでパッケージのインストールが開始します。プログレスバーの進捗状況を見ながら、そのまま待ちましょう①。

📝Memo

＜詳細情報＞をクリックすると、不足しているパッケージを確認できます。

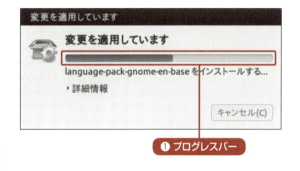

5 「言語サポート」が起動する

パッケージのインストールが完了すると、「言語サポート」が起動します。この画面では操作の必要はないので、そのまま＜閉じる＞①→＜閉じる＞②の順にクリックします。

📝Memo

「言語サポート」では、Ubuntuのデスクトップ環境で使用する表示言語の設定が可能です。Ubuntu 16.04 LTS 日本語 Remixは最初から使用言語として日本語が選択されているため、操作する必要はありません。

05 USBメモリーからUbuntuを インストールしよう

光学ドライブがないパソコンでは、USBメモリーからUbuntuをインストールできます。ここでは、Pete Batard氏が作成した「Rufus」というツールを利用して、ダウンロードしたUbuntuのISOイメージでインストール用USBメモリーを作成する方法を解説します。

ファイルをダウンロードする

1 Rufusをダウンロードする

RufusをダウンロードするためWindowsのWebブラウザーで作者のWebページにアクセスし(http://rufus.akeo.ie/)、ダウンロードリンク(ここでは<Rufus 2.10>)①→<保存>の順にクリックします②。

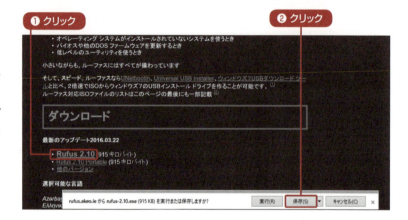

2 ISOイメージをダウンロードする

Ubuntu Japanese TeamのWebページからUbuntuのISOイメージをダウンロードします。「ISOイメージ」と書かれた好きなリンク(ここではKDDI研究のISOイメージリンク：https://www.ubuntulinux.jp/News/ubuntu1604-ja-remix)①→<保存>の順にクリックします②。「名前を付けて保存」画面で<保存>をクリックします。

ISOファイルをUSBメモリーに書き込む

1 Rufusを起動する

ダウンロードした＜rufus-2.10.exe＞をダブルクリックします①。

Memo
Windows 10のUAC（ユーザーアカウント制御）が有効な場合、実行の確認をうながすメッセージが表示されます。操作を続けるには、ここで＜OK＞をクリックします。

① ダブルクリック

2 更新を確認する機能を設定する

初回起動時はインターネット経由でRufusの更新情報を確認するか、設定をうながされます。通常は＜はい＞をクリックします①。

① クリック

3 USBメモリーが検出される

容量2GB以上のUSBメモリーをパソコンに接続します①。Rufusが自動的にUSBメモリーを検出します。光学ドライブアイコンをクリックします②。

① 接続する

② クリック

Memo
Rufusの設定は多様に見えますが、基本的には既定のまま動作します。

25

4 ISOファイルを選択する

ISOファイルを選択するため、「開く」画面で保存先のフォルダーを開き、＜ubuntu-ja-16.04-desktop-amd64.iso＞①→＜開く＞の順にクリックします②。

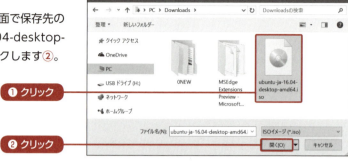

5 書き込み準備が完了する

自動的にボリュームラベルが変化し、書き込み準備が完了します。＜スタート＞をクリックします①。

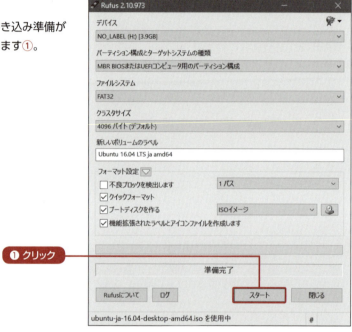

6 Syslinuxをダウンロードする

Rufus バージョン2.10とUbuntu 16.04 LTS 日本語 remixの組み合わせでは、右図のようなメッセージが表示されるので、＜はい＞をクリックします①。

Memo

軽量ブートローダーとして有名な「Syslinux」ですが、UbuntuやRufusはSyslinuxコンポーネントの1つであるISOlinuxを使用しています。このメッセージはRufusが古いバージョンを使っているため表示されました。そのため必ず＜はい＞をクリックしましょう。

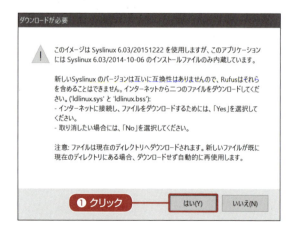

7 ISOハイブリッドの検出に対応する

Ubuntu 16.04 LTS 日本語 remixはISOハイブリッドのため、このようなメッセージが表示されます。通常は＜ISOイメージモードで書き込む＞が選択されているのを確認して①、＜OK＞をクリックします②。

Memo

ISOLinuxがサポートする「hybrid mode」はあらかじめUSBメモリーへの書き込みを前提にしており、ディスクイメージのままUSBメモリーへ書き込む形式です。

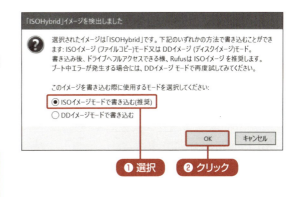

8 確認画面が表示される

最後に、USBメモリーへの書き込みについて確認をうながされます。問題がないか確認してから＜OK＞をクリックします①。

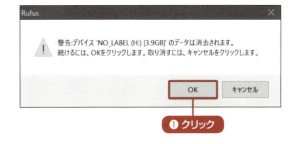

9 書き込みが開始する

USBメモリーへの書き込みが開始します。完了後はステータス部分が「1個のデバイスを検出しました」に変わるので①、＜閉じる＞をクリックして②、Ubuntuのインストールを始めましょう。

Memo

以降は、P.16 の「パソコンにUbuntuをインストールしよう」を参考にUbuntuをインストールします。その際、パソコンをUSBメモリーから起動できるようにするため、P.16 手順2の画面では「Removable Devices」を最優先に変更します。

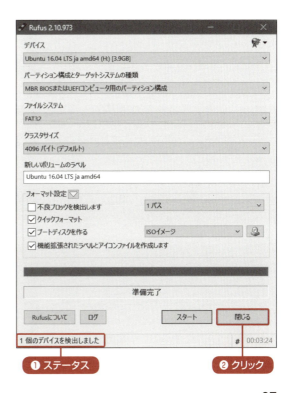

Column

DVDからUbuntuを起動する

　Ubuntuは光学メディア上で動作する「ライブCD」としての機能も備えているため、パソコンにインストールせずに試すことが可能です。ここではWindows 10パソコンの光学ドライブからUbuntu 16.04 LTSを起動する方法を解説します。なお、Windows 7パソコンを利用している場合は、光学ドライブからの起動方法が異なります。パソコンの付属マニュアルを参照してください。

1 パソコンを再起動する

Windows 10を起動したら＜スタート＞①→＜電源＞の順にクリックし②、Shiftキーを押しながら＜再起動＞をクリックします③。

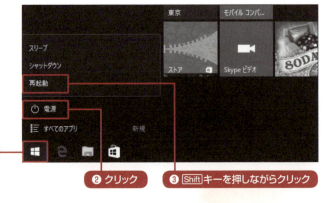

2 光学ドライブから起動する

本書の付属DVDを光学ドライブにセットします①。「オプションの選択」画面で＜デバイスの使用＞をクリックし②、「デバイスの使用」ではパソコンの光学ドライブをクリックします③。

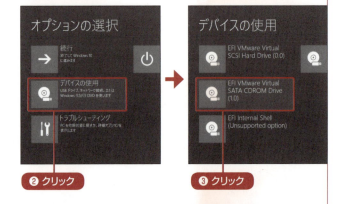

3 GRUBメニューが表示される

GRUBによるメニューが表示されたら、＜Try Ubuntu without installing＞が選択されているのを確認し①、Enterキーを押します②。しばらくすると、Ubuntuのデスクトップが表示されるので、ランチャーから各アプリを起動して試してみましょう。具体的な操作方法やライブCD環境の終了方法は、P.30の「Ubuntuを起動しよう」を参照してください。

第 2 章

Ubuntuの基本を
マスターしよう

01　Ubuntuを起動しよう
02　Ubuntuのデスクトップを理解しよう
03　Ubuntuのアプリを起動しよう
04　よく使うアプリをランチャーに登録しよう
05　Ubuntuで日本語を入力しよう

01 Ubuntuを起動しよう

Ubuntuを起動するにはパソコンの電源を入れ、ログインするユーザーを選択して、P.20で指定したパスワードを入力します。なお、インストール後にユーザーを追加していない場合は、インストール時に作成したユーザーでのみログインできます。

Ubuntuを起動する

1 パソコンの電源を入れる

パソコンの電源を入れると、自動的にUbuntuの起動が開始します。画面が切り替わるまで待ちます。

Memo

Ubuntuは一定期間ファイルシステムのチェックを行っていないと、起動時にチェックを行うしくみになっています。この場合は、起動が遅くなっても異常ではありません。

2 パスワードを入力する

ログイン画面が表示されます。テキストボックスにパスワードを入力し①、Enterキーを押します②。

Memo

ログインするユーザーが複数登録されている場合は、ユーザーをクリックして選択してから、そのユーザーのパスワードを入力します。

3 デスクトップが表示される

Ubuntuへのログオンが成功すると、デスクトップが表示されます。

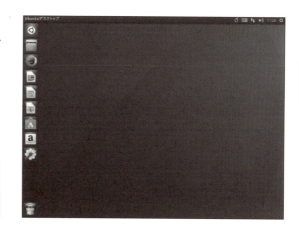

Memo

パスワード入力をスキップする自動ログイン機能もありますが、セキュリティ上の問題が発生します。とくに、持ち運びが可能なノートパソコンではおすすめできません。

Ubuntuを終了する

1 メニューから選択する

通知領域に並ぶ■アイコンをクリックし①、＜シャットダウン＞をクリックします②。

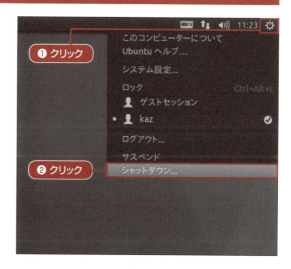

Memo

メニューから＜ログアウト＞をクリックすると、Ubuntuを終了せずに現在ログイン中のユーザーセッションが終了（ログアウト）し、別のユーザーセッションを開始（ログイン）もしくは同じユーザーで新たなセッションを開始（再ログオン）できます。

2 シャットダウンを実行する

「シャットダウン」画面が表示されたら、＜シャットダウン＞をクリックします①。シャットダウンの処理を開始し、しばらくするとパソコンの電源が切れます。

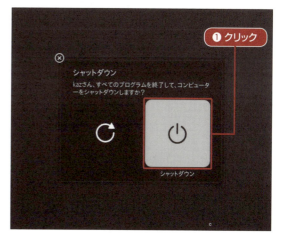

Memo

手順2で左側の■アイコンをクリックすると、Ubuntuが再起動します。

02 Ubuntuのデスクトップを理解しよう

Ubuntuではほかの OS と同じく、ファイル操作やアプリを利用した作業は主にデスクトップで行います。そのため、「アプリのアイコンをクリックして起動する」「複数のウィンドウを開いて切り替える」などの基本操作は同じです。まずはデスクトップの構成を知っておきましょう。

Ubuntuのデスクトップを確認する

デスクトップ

デスクトップはパソコンの画面を机に見立てて、アプリを起動したり、ファイルを操作したりするための領域です（**図1**）。

Dashアイコン

Dashアイコンをクリックすると、Dash画面が表示されます（**図2**）。ランチャーに登録していないアプリの起動や、ファイル検索が可能です。また、下部に並ぶボタンをクリックしていくと、検索対象の変更やDashプラグインの有無も変更できます。

ランチャー

使用頻度の高いアプリを登録したり、起動中のアプリのアイコンが並んだりする領域です（**図3**）。起動中のアプリは左側に▶アイコンが付きます。ランチャーはWindows 10のタスクバーに相当します。アイコンを右クリックすると、ランチャーへの登録や解除、アプリの強制終了も可能です。

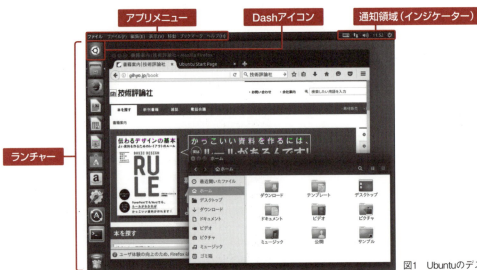

図1　Ubuntuのデスクトップ画面

アプリメニュー

　Ubuntuではタイトルバーではなく、デスクトップ最上部にアクティブな(使用中の)アプリのメニューが表示されます(図4)。通常はアプリ名だけ表示されますが、マウスポインターをアプリメニューに移動させると、＜ファイル＞メニューや＜編集＞メニューなどが表示されます(図5)。

通知領域(インジケーター)

　パソコンの状態を確認したり、設定を変更するためのアイコンが並びます。アイコンをクリックするとメニューや設定画面が開き、アプリの動作を変更できます。初期状態では□入力メソッド(図6)、ネットワーク、音量(図7)、カレンダー、ログアウトや再起動を行う歯車アイコンが並びます。

図2　Dash画面。下部のボタンで検索対象を切り替えできる

図3　ランチャーのアイコンを右クリックした状態。アプリによって動作は異なる

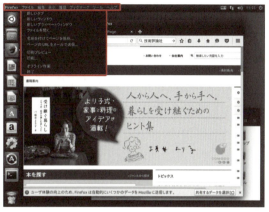

図5　アプリメニューにマウスポインターを移動させると、アプリが用意したメニューが表示される

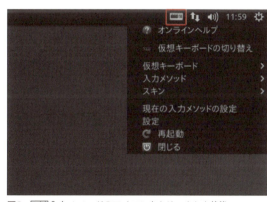

図6　□入力メソッドのアイコンをクリックした状態

図4　アプリ名が表示されるアプリメニュー。アプリを最大化すると、タブ名などに切り替わる

図7　音量アイコンをクリックすると、スピーカーやマイクのボリュームを変更できる

03 Ubuntuのアプリを起動しよう

アプリの起動方法はWindows 10と似ています。ここではアプリの起動と切り替え、ウィンドウの最大化と最小化、ウィンドウの移動とサイズ変更という3つの基本的な操作方法を解説します。なお、デスクトップ領域が狭い場合、ウィンドウを最大化した状態でアプリが起動します。

アプリの起動と切り替え方法

1 アプリを起動する

ランチャーのアイコンをクリックすると①、アプリが起動します②。

Memo

ここではFirefoxを起動しています。なお、右の画面の状態では⊞+②キーを押しても起動します。Ubuntuのランチャーは上から順に番号が割り振られており、⊞+①キーなら「ファイル」、⊞+③キーなら「LibreOffice Writer」が起動します。

2 もう1つのアプリを起動する

続いて、ランチャーの<ファイル>をクリックすると①、「ファイル」が起動して前面に表示され②、アプリメニューにはアプリの名称が表示されます。次に<Mozilla Firefox>をクリックします③。

Memo

起動中のアプリは▶アイコンが左側に表示されます。なお、「ファイル」は⊞+①キーを押しても起動します。

3 ウィンドウを切り替える

Firefoxが前面に切り替わります①。また、アプリメニューの名称も変化します②。

4 ショートカットキーで切り替える

[Alt]+[Tab]キーを押すと、アプリを切り替えるウィンドウが表示されます①。そのまま[Alt]キーから指を離さず、[Tab]キーを押して選択するアプリを切り替え、目的のアプリのアイコンにフォーカスを合わせて選択します②。

> **Memo**
> この状態で[Alt]+[半角/全角]キーを押すと、選択しているアプリのサムネイル（縮小画面）を確認できます。

5 アプリが切り替わった

[Alt]キーと[Tab]キーから指を離すと①、アプリが切り替わります②。

> **Memo**
> このほかにも[⊞]+[W]キーを押すと、最小化していない起動中のアプリがウィンドウとして並びます。ウィンドウをクリックすると、アプリをかんたんに切り替えできます。

ウィンドウを最大化する

1 ボタンを確認する

ウィンドウの左上には3つのボタンが並んでいます。左から⊗＜閉じる＞ボタン、⊖＜最小化＞ボタン、☐＜最大化＞ボタンです。

📝 Memo
⊗＜閉じる＞をクリックするか、[Ctrl]＋[Q]キーを押すと、ウィンドウが閉じてアプリが終了します。

2 ウィンドウを最大化する

☐＜最大化＞ボタンをクリックすると、ウィンドウがデスクトップ全体に表示されます①。

📝 Memo
ウィンドウのタイトルバーをダブルクリックするか、[Ctrl]＋[⊞]＋[↑]キーを押すことでも、ウィンドウを最大化できます。

3 ウィンドウをもとのサイズに戻す

アプリメニューにマウスポインターを移動し①、⊖＜元に戻す＞ボタンをクリックすると②、ウィンドウがもとのサイズに戻ります③。

📝 Memo
アプリメニューをダブルクリックするか、下方向にドラッグすることでも、ウィンドウをもとのサイズに戻せます。

ウィンドウを最小化する

1 ウィンドウを最小化する

ウィンドウの⊖＜最小化＞ボタンをクリックすると①、ウィンドウが最小化します②。ランチャーのアプリボタンをクリックすると③、ウィンドウが再び表示されます。

Memo
アクティブな（選択中の）ウィンドウは、[Ctrl]＋[■]＋[↓]キーを押しても最小化できます。なお、[Ctrl]＋[■]＋[D]キーを押すと、すべてのウィンドウの最小化および復元ができます。

ウィンドウの移動とサイズ変更

1 ウィンドウを移動させる

ウィンドウのタイトルバーにマウスポインターを合わせてドラッグします①。ウィンドウが移動するので、目的の場所でマウスのボタンを離します。

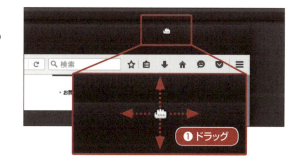

2 ウィンドウサイズを変更する

ウィンドウのサイズの四隅や枠①にマウスポインターを合わせます。マウスポインターの形状が変わった状態でドラッグすると②、ウィンドウサイズを変更できます。

Memo
[Alt]＋[スペース]キーを押してメニューを表示し、＜サイズの変更＞をクリックすると、そのままウィンドウサイズを変更できます。

デスクトップを2分割する

1 ウィンドウを右端へドラッグする

ウィンドウのタイトルバーをデスクトップの右端へドラッグします①。

2 デスクトップの色が変化する

マウスポインターがデスクトップの右端に移動すると、デスクトップの右半分の色が変わります①。この状態でマウスのボタンを離します②。

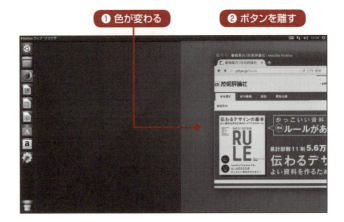

3 ウィンドウがデスクトップの右半分に表示される

ウィンドウがデスクトップの右半分のサイズに変化します①。

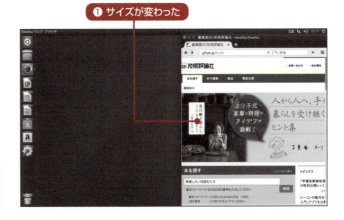

> **Memo**
> 手順 1～3 の操作は、Ctrl + ■ + → キーを押すことでも実行できます。

4 もう1つのアプリも サイズ変更する

任意のアプリを起動し、ウィンドウのタイトルバーをデスクトップの左端へドラッグします①。

> **Memo**
> ここではUbuntu Softwareのウィンドウをドラッグしていますが、ほかのアプリでも構いません。

❶ ドラッグ

5 デスクトップの色が変化する

マウスポインターがデスクトップの左端に移動すると、デスクトップの左半分の色が変わります①。この状態でマウスのボタンを離します②。

> **Memo**
> 手順4～6の操作は、Ctrl+■+←キーを押すことでも実行できます。

❶ 色が変わる　❷ ボタンを離す

6 デスクトップに2つの ウィンドウが並んで表示された

デスクトップを2分割した状態で2つのウィンドウが並びます①。ウィンドウをもとのサイズに戻すには、ウィンドウをデスクトップ中央へドラッグします。

> **Memo**
> Ctrl+■+↓キーを押すことでも、ウィンドウをもとのサイズに戻せます。

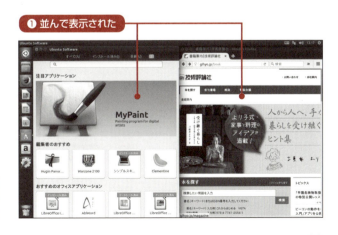

❶ 並んで表示された

04 よく使うアプリをランチャーに登録しよう

アプリはDashで検索することでも起動できますが、よく使うアプリのにアイコンをランチャーに登録しておくと、クリックするだけで起動できるので便利です。ここではランチャーにアプリのアイコンを登録する方法、登録したアイコンを移動・解除する方法を解説します。

アプリのアイコンをランチャーに登録する

1 Dashからアプリを起動する

Dashアイコンをクリックし①、Dash画面の下部にある <コンピューターを検索>または <アプリケーションを検索>をクリックします②。テキストボックスに「Te」と入力して③、表示された<テキストエディター>のアイコンをクリックします④。

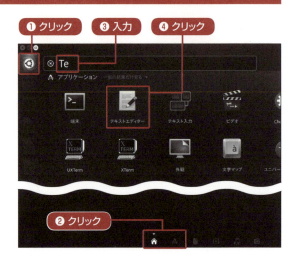

Memo
ここでは例として、「テキストエディター (gedit)」を使用します。

2 アプリを登録する

アプリが起動したら、ランチャーに表示されたアプリのアイコンを右クリックし①、<Launcherに登録>をクリックします②。

3 アプリを終了する

手順1で起動したアプリの⊗＜閉じる＞ボタンをクリックします①。

4 アイコンが消えないことを確認する

すでにアプリは登録されているので、アプリを終了しても、ランチャーに登録したアイコンは消えずに残ります①。

アプリのアイコンの順番を入れ替える

1 アイコンをドラッグする

順番を入れ替えたいアプリのアイコンをランチャーの外側にドラッグします①。

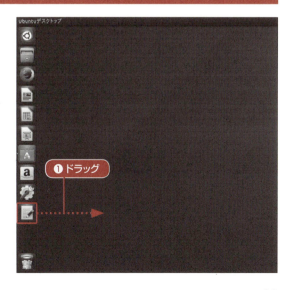

2 カーソルが表示される

移動させる場所までドラッグすると①、ランチャーにカーソルが表示されます②。この状態でマウスボタンを離します③。

3 アイコンの順番が入れ替わった

アイコンが移動して、順番が入れ替わります①。この方法でアイコンの順番を自由に入れ替えできます。

アプリをランチャーから解除する

1 アイコンを右クリックする

ランチャーからアプリを取り除くには、目的のアイコンを右クリックし①、メニューの＜Launcherへの登録を解除＞をクリックします②。

2 アイコンがなくなった

ランチャーからアイコンが消えました①。

❶アイコンが消えた

Memo

手順■~②の操作でランチャーからアイコンを消しても アプリ自体は削除されないため、Dashで検索すると起動できます。

Column

ランチャーのカスタマイズ

　ランチャーのカスタマイズは「システム設定」から行います。「システム設定」は、ランチャーに並ぶ<システム設定>アイコンをクリックするか、通知領域から起動することができます(P.170参照)。

　「システム設定」を起動したら、<外観>をクリックし、「外観」画面で<挙動>タブをクリックします。ここで<Launcherを自動的に隠す>をクリックしてオンにするとランチャーが非表示になり、マウスポインターを画面左端に移動させたときだけ表示されるようになります。また、<Launcherにデスクトップの表示アイコンを追加>をクリックしてチェックを付けると、ランチャーの一番下に<デスクトップの表示>アイコンが表示されます。このアイコンをクリックすると、すべてのウィンドウの表示/非表示を切り替えできます。

　なお、「Unity Tweak Tool」パッケージをインストールすると、ランチャーをより細かくカスタマイズできます。<Launcher>の<Launcher>タブからは透過度や配色、アイコンの背景のオン/オフが設定できます(アプリのインストール方法はP.162参照)。

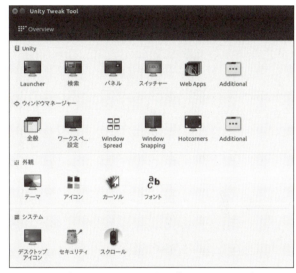

Unityに関する各種カスタマイズが可能な「Unity Tweak Tool」

アイコンサイズを36ポイントに変更し、表示位置をデスクトップ下部に移動させた状態

05 Ubuntuで日本語を入力しよう

Ubuntuでも自由に日本語入力ができます。「Fcitx」というOS側で文書入力を支援するしくみと、「Google日本語入力」のオープンソース版である「Mozc」の組み合わせで日本語入力を実現しています。ただし、Google日本語入力の大規模な語彙データは含まれていません。

日本語を入力する

1 入力用アプリを起動する

まずは日本語を入力するアプリを起動しましょう。ランチャーの＜LibreOffice Writer＞をクリックします①。「LibreOffice Writer」が起動します②。

❶ クリック
❷ 起動した

Memo
「LibreOffice Writer」はUbuntuの標準的なワープロソフトです。詳しくは第8章で解説します。

2 日本語入力を有効にする

キーを押すと、通知領域のアイコンが英語モードから日本語モードへ切り替わります。再度キーを押すと、日本語モードから英語モードに切り替わります。

英語モード

日本語モード

Memo
Ctrl + スペース キーを押すことでも、英語入力モードと日本語入力モードの切り替えができます。

3 読みを入力する

ここでは例文として「にほんごもにゅうりょくできます」と入力します①。自動的に予測変換候補が表示されるので②、Tabキーを押します③。

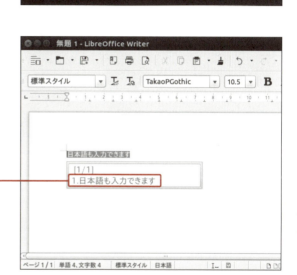

📝 Memo
「Mozc」は入力履歴やシステム辞書から、自動的に変換候補を示すサジェスト自動表示機能を備えています。

4 変換候補が表示される

適切と思われる変換候補が表示されます。変換候補が複数ある場合は、適切な変換候補をTabキーやカーソルキーで選択し①、Enterキーを押して確定します②。

5 単語単位で変換する

連文節ではなく単語などで変換する場合は、スペースキーを2回押します①。変換候補が表示されたらスペースキーなどを押して選択します②。

📝 Memo
変換候補の選択にはTabキーやカーソルキーも使用できます。

Column

MozcとFcitxの設定

　Ubuntuは文字入力の基盤となる「インプットメソッドフレームワーク」(Mozc)とOS側で文字入力処理を行う「インプットメソッド」(Fcitx)という2つのパッケージで日本語入力を実現するため、両者に対して異なるカスタマイズ項目が用意されています。

● Mozcの設定

P.40の手順1を参考に、Dashの検索ボックスに「mozc」と入力し①、表示された＜Mozcの設定＞をクリックします②。

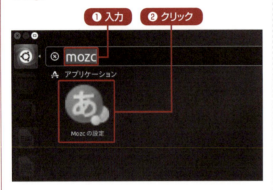

「Mozc プロパティ」画面が表示されます。＜一般＞タブでは日本語入力の基本的な設定ができます。またキーレイアウトは、「キー設定の選択」のボタンをクリックすることで①、＜ATOK＞＜MS-IME＞＜ことえり＞から選択できます。＜カスタム＞も選択できますが、自身で設定を変更する必要がある項目が多いので、通常は選択しません。

＜入力補助＞タブでは、入力文字の自動半角／全角の設定が可能です。句読点変換が必要な場合は＜句読点変換を有効にする＞をクリックして①、対応する句読点や記号を選択します②。

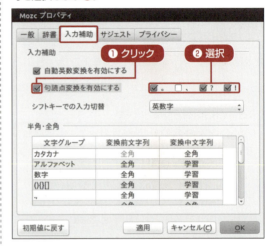

● Fcitxの設定

「LibreOffice Writer」を起動し、通知領域の アイコン を右クリックして、＜設定＞をクリックするとFcitxの設定ができます。＜外観＞タブをクリックし①、「状態パネルを隠すモード」のボタンをクリックします②。表示されるドロップダウンリストから＜表示＞を選択すれば、状態パネルがデスクトップに表示されます③。

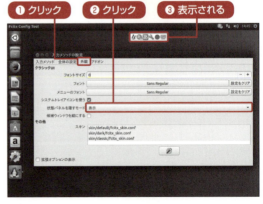

第3章

Webページを閲覧しよう

01　Firefoxを起動しよう
02　Webページを検索しよう
03　複数のWebページを開いてみよう
04　よく見るWebページをブックマークに登録しよう
05　Firefoxの設定を変更しよう
06　Google Chromeをインストールしよう

01 Firefoxを起動しよう

> Ubuntuの標準Webブラウザーは「Mozilla Firefox（ファイヤーフォックス。以下、Firefox）」です。基本的な機能はWindows版やmacOS（OS X）版と大差ありません。WindowsやmacOS（OS X）で別のブラウザを使っている人でも、慣れてしまえば同じように操作できます。

Firefoxを起動する

1 アイコンをクリックする

ランチャーに並ぶFirefoxのアイコンをクリックします①。

2 Firefoxが起動した

Firefoxが起動しました。初回はMozillaのメッセージページが表示されます①。ここでは☒をクリックし②、メッセージページを閉じます。続けて表示されるスタートページで③、＜共有するデータを選択＞をクリックします④。

Memo

メッセージページが表示されるのは、初回起動時のみです。次回以降はUbuntuのスタートページが開きます。なお、③～④のメッセージが表示されない場合は、アプリメニューの＜編集＞→＜設定＞の順にクリックし、「設定」画面で＜詳細＞→＜データの選択＞タブをクリックして開き、手順3以降の操作を行います。

3 送信データを選択する

Firefox使用時のデータ送信に関する設定を行います。ユーザーポリシーに応じて、＜Firefoxヘルスレポートを有効にする＞と①、＜クラッシュレポートの送信を有効にする＞をクリックして②、チェックを外し、⊠をクリックしてタブを閉じます③。

📝Memo

ここでMozillaに送信されるデータは、Firefoxが常に記録しているパフォーマンス情報やブラウザーの状態を含めた「ヘルスレポート」、パソコンやOS、アドオン数などが加わる「追加データ」、Firefoxがハングアップした際のメモリー情報などを記録した「クラッシュレポート」などです。

4 WebページをURLで開く

ロケーションバー（P.50参照）に「gihyo.jp/book」と入力し①、➔ をクリックするか②、Enterキーを押します。

📝Memo

右図で＜検索候補を表示して検索機能を向上させますか？＞の＜はい＞をクリックすると、ロケーションバーにURLを入力する際に、検索エンジンによる推測検索（サジェスト）機能が有効になります。

5 Webページが開いた

目的のWebページが開きました①。あとは通常のWebブラウザーと同じように、Web閲覧ができます。

📝Memo

Firefoxを終了するには⊠をクリックするか、Ctrl+Qキーを押します。

02 Webページを検索しよう

Firefoxを起動すると表示されるUbuntuのスタートページでは、「ロケーションバー」や「検索バー」でGoogleによる検索ができます。検索バーでは「ワンクリック検索エンジン」と呼ばれるインターフェースを利用して、TwitterやWikipediaによる検索もできます。

検索バーでWebページを検索する

1 キーワードを入力する

ロケーションバーもしくは検索バーにキーワードを入力し①、Enterキーを押します②。

> **Memo**
> 検索バーでは推測検索機能の利用、および検索サイトの切り替えが可能です。

> **Memo**
> Firefoxの既定の検索エンジンはGoogleですが、アプリメニューの＜編集＞メニュー→＜設定＞→＜検索＞の順にクリックすると表示されるページで、既定の検索エンジンを変更できます。

2 検索結果が表示された

Googleによる検索結果が表示されました①。

> **Column**
> **ロケーションバーで検索する**
>
> ロケーションバーによる検索では、おすすめサイトや推測検索機能が利用できます。

ワンクリック検索エンジンを利用する

1 別の検索エンジンを使う

検索バーにキーワードを入力し①、Twitterアイコンをクリックします②。

2 Twitterの検索結果が表示された

Twitterによる検索結果が表示されました①。手順 1 でクリックするアイコンによって、Yahoo!、Amazon、Wikipedia、ヤフオクなどでの検索も可能です。

ワンクリック検索エンジンを整理する

1 検索設定を変更する

検索バーに任意の文字を入力し①、＜検索設定を変更＞をクリックします②。

2 設定ページが開く

「ワンクリック検索エンジン」で使用しない検索エンジンをクリックして、チェックを外します①。取捨選択を終えたら⊠をクリックします②。

Memo

「既定の検索エンジン」下のボタンをクリックすると表示されるドロップダウンリストで、ワンクリック検索エンジンで使用する既定の検索エンジンを変更できます。

3 ワンクリック検索エンジンがスッキリした

手順1と同じように任意の文字を入力すると①、ワンクリック検索エンジンで表示されるアイコンの数が変化したことを確認できます②。

検索エンジンを追加する

1 英語版Wikipediaを追加する

ここでは英語版Wikipediaを追加します。FirefoxでWikipedia（日本語版）のページを表示します。続いて、左端に並ぶ「他言語版」から＜English＞をクリックします①。

Memo

Wikipedia（日本語版）のページは、ロケーションバーにURL (https://ja.wikipedia.org/wiki/Ubuntu) を入力するか、検索バーに「Ubuntu」と入力し、表示されるWikipediaのアイコンをクリックすることで表示できます。

2 検索バーをクリックする

英語版Wikipediaに切り替わると、検索バーに緑色のアイコン ⊕ が表示されます。検索バー自体をクリックします①。

📝 Memo

Firefoxの検索エンジンに追加できるサイトにアクセスすると、緑色のアイコンが表示されます。

3 検索エンジン名をクリックする

ワンクリック検索エンジンの下に表示された「Wikipedia(en)」をクリックします①。

4 検索エンジンが追加される

検索バーに任意の文字を入力すると①、「Wikipedia(en)」がワンクリック検索エンジンに追加されたことを確認できます②。

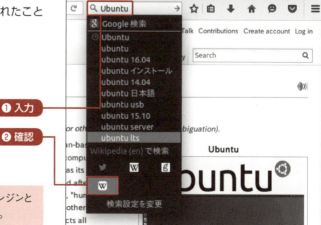

📝 Memo

ここで追加した検索エンジンは、既定の検索エンジンとワンクリック検索エンジンの両方で使用できます。

03 複数のWebページを開いてみよう

Firefoxはタブ機能を備えているため、現在のWebページを開いたまま別のWebページを開けます。➕をクリックすることで新しいタブを開くほか、リンクからタブを開くこともできます。また、ドラッグ＆ドロップでタブの順番を入れ替えることも可能です。

新しいタブを開く

1 ➕ボタンでタブを開く

➕をクリックすると①、「新しいタブ」というタイトルを持つページが開きます②。URL入力やタイルをクリックして、Webページにアクセスできます。

Memo
Firefoxの「新しいタブ」には、既定でよく見るWebページのタイルが表示されます。Webページのピン留めや削除、並べ替えが可能です。

2 タブを切り替える

表示するWebページを切り替えるには、目的のWebページ名が表示されたタブをクリックします①。

Memo
タブには左から番号が割り振られており、Alt＋数字キーを押すとタブを切り替えることができます。たとえばAlt＋3キーを押せば、左から3番目のタブが開きます。

3 リンクから新しいタブを開く

リンクを右クリックし①、メニューの「リンクを新しいタブで開く」をクリックします②。現在のWebページは閉じずに、新しいタブでリンク先のWebページが開きます③。

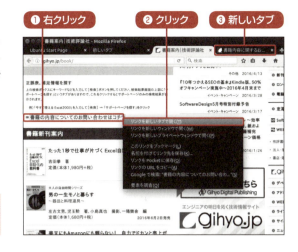

Memo

Ctrlキーを押しながらクリックすることでも、新しいタブで開くことができます。

不要なタブを閉じる／再び開く

1 ⊠ボタンをクリックする

不要なタブ（Webページ）を閉じるには、タブの右端にある⊠をクリックします①。

Memo

Ctrl+Wキーを押すことでも、現在開いているタブを閉じます。

2 閉じたタブを開く

不要なタブが閉じました①。閉じたタブを再度表示するには、任意のタブを右クリックし②、メニューの「閉じたタブを元に戻す」をクリックします③。

3 タブが復活した

閉じたタブが再び開きました①。

❶ タブが開いた

> **Memo**
>
> アプリメニューの＜履歴＞→＜最近閉じたタブ＞の順にクリックすると、以前閉じたタブの一覧が表示されるので、ここからクリックすることでもタブを再表示できます。また、Webページの閲覧履歴は Ctrl + H キーを押すと表示されるサイドバーで確認すると便利です。

タブの順番を入れ替える

1 タブをドラッグ＆ドロップする

タブを左右にドラッグ＆ドロップすると、順番を入れ替えできます。ここでは、タブを右方向にドラッグします①。

❶ ドラッグ＆ドロップ

2 タブが入れ替わった

右となりのタブと順番が入れ替わりました①。

❶ 入れ替わった

別ウィンドウで開く

1 タブをドラッグ&ドロップする

タブの別ウィンドウで表示するには、目的のタブをクリックしたまま、デスクトップ上にドラッグ&ドロップします①。

❶ ドラッグ&ドロップ

2 別ウィンドウが表示された

もう1つのFirefoxが起動し、ドラッグ&ドロップしたタブのWebページが開きます①。

❶ Webページが開いた

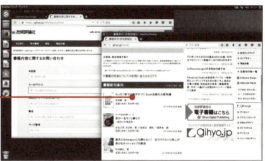

Column

タブで開くときの動作を変更する

P.54の「新しいタブを開く」で解説した、リンクをタブで開くときの動作は「タブグループ」で変更できます。アプリメニューの＜編集＞→＜設定＞の順にクリックして、表示される「設定」画面の＜一般＞①をクリックします。＜リンクを新しいタブで開いたとき、すぐにそのタブに切り替える＞をクリックしてチェックを付けると②、項目名どおりの動作に切り替わります。設定後は⊠をクリックします③。

❶ クリック　❷ クリック　❸ クリック

04 よく見るWebページをブックマークに登録しよう

よく閲覧するWebページはブックマークに登録しましょう。ブックマークは画面左端のサイドバーか、画面上部のブックマークツールバーに登録できます。調べものなどで頻繁に利用するWebページは、ブックマークツールバーに登録すると、アクセスしやすくなるので便利です。

ブックマークに登録する

1 ブックマークに登録する

目的のWebページを開き、スマートロケーションバーの右端にある☆をクリックします①。ボタンが青色に変わり②、表示しているWebページがブックマーク内の「未整理のブックマーク」に登録されます。

2 ブックマークの編集画面を開く

★をクリックすると①、ブックマークの編集画面が表示されて、名前②やタグ③の追加が可能になります。登録先フォルダーは＜未整理のブックマーク＞をクリックして、表示されるドロップダウンリストから変更できますが、操作しやすくするため、まず▽をクリックします④。

Memo

「タグ」にはWebページに関連するキーワードを入力します。たとえば「Win」「Linux」などのタグを付けておくと、ブックマークしたWebページが増えてきたときに、このタグを手がかりにすばやく探し出すことができるので便利です。

3 編集画面が広くなった

ブックマーク編集画面が広くなります。ここでは＜ブックマークツールバー＞をクリックして選択し①、＜完了＞をクリックします②。

> **Memo**
> ①で＜ブックマークメニュー＞をクリックすると、ブックマークはブックマークメニューに登録されます。ブックマークメニューに登録したブックマークは、サイドメニューから参照できます（下のColumn参照）。

ブックマークを開く

1 ブックマークツールバーを有効にする

タブがない部分を右クリックし①、＜ブックマークツールバー＞をクリックしてチェックを付けます②。

2 ブックマークが参照可能になった

ブックマークツールバーが表示されると、上記の手順3で追加したブックマークが登録されたことを確認できます①。

> **Memo**
> Webページにアクセスするには、ブックマークツールバー上のブックマークをクリックします。

Column

サイドバーからブックマークを参照する

アプリメニューから＜表示＞→＜サイドバー＞→＜ブックマーク＞の順でクリックすると、画面左端のサイドバーにブックマークの内容が表示されます。ブックマークをクリックすると、そのWebページを表示します。サイドバーは[Ctrl]＋[B]キー（もしくは[H]キー）を押すことでも表示／非表示を切り替えできます。

05 Firefoxの設定を変更しよう

> Firefoxはパソコン、タブレット、スマートフォンなどのさまざまなOSに対応したWebブラウザーであり、Ubuntu(Linux)版に固有の機能というのはありません。Google Chromeと同じく、ほかのパソコンや端末で使用しているFirefoxと同期できます。

ホームページを変更する

1 設定を開く

あらかじめホームページに設定するWebページを開いてから、≡①→＜設定＞の順にクリックします②。

Memo

ここでいうホームページとは、Firefoxを起動したとき最初に表示されるWebページのことです。

2 現在のページをホームページにする

「ホームページ」の＜現在のページを使用＞をクリックします①。設定後、☒をクリックします②。

Memo

＜ブックマークを使う＞をクリックすると、「ホームページの設定」画面が開き、設定するWebページをブックマークから選択できます。また、「Firefoxを起動するとき」のボタンをクリックすると表示されるドロップダウンリストから、＜ホームページを表示する＞＜空白ページを表示する＞＜前回終了時のウィンドウとタブを表示する＞を選択できます。なお、＜初期設定に戻す＞をクリックすると「about:startpage」が設定されます。

ほかのFirefoxと同期する

1 設定を開く

☰①→＜Syncにサインイン＞の順にクリックします②。

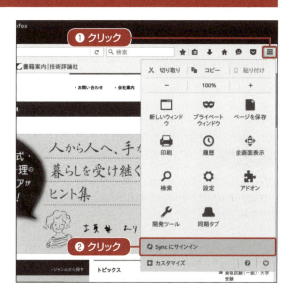

> 📝 Memo
> 「Sync」はほかのパソコン、タブレット、スマートフォンで使用しているFirefoxとブックマーク、閲覧履歴、アドオンなどの各種設定を同期する機能です。OSの種類が異なる場合でも同期できます。

2 Firefoxアカウントを作成する

設定画面が表示されたら、＜アカウント作成＞をクリックします①。

> 📝 Memo
> すでにFirefoxアカウントを作成している場合は、＜サインイン＞をクリックします。

3 メールアドレスなどを入力する

Firefoxアカウントの作成ページが表示されます。ほかのパソコン、タブレット、スマートフォンなどで使用しているメールアドレス①、8文字以上のパスワード②、質問の答えを入力したら③、＜Create account＞をクリックします④。

> 📝 Memo
> ここで入力したメールアドレスがFirefoxアカウントになります。

4 同期する項目を選択する

同期する項目を取捨選択します。既定ではすべての項目が選択されているので、問題がなければ＜Save settings＞をクリックします①。

> **Memo**
>
> 「Sync」は開いているタブ、ブックマーク、アドオン、Webサイトのパスワード、閲覧履歴、Firefoxの設定などを同期できます。

5 アカウント作成が完了する

アカウントの作成が完了し、手順3で入力したメールアドレスに確認メールが送信されます。

6 認証を実行する

ほかのパソコン、タブレット、スマートフォンなどのメールソフトで受信した確認メールを開き、＜Activate now＞をクリックします①。ここでは、WebメールのOutlook.comを使用しています。

> **Memo**
>
> Ubuntu上で確認メールを開きたい場合は、P.68～69を参照して、あらかじめThunderbirdにメールアカウントを設定しておく必要があります。

7 認証が完了する

認証が完了し、Sync機能による同期設定が始まります。また≡をクリックすると①、Sync機能で利用するメールアドレス（Firefoxアカウント）が表示されます②。以上で設定が完了しました。

Memo

ほかのOSでFirefoxを利用している場合、ここで設定したFirefoxアカウントでサインインすると、同期が自動的に行われます。

8 同期する項目は変更可能

「設定」の＜Sync＞をクリックして「Sync」画面を開くと①、同期する項目②や端末名を変更できます③。

Memo

認証の完了後、確認メールの画面（手順 7 ）に表示される＜Sync preferences＞をクリックすることでも「Sync」画面を開くことができます。

▶Column

拡張機能をインストールする

≡→＜アドオン＞の順でクリックすると、Mozillaのアドオンページを開くことができます。ここでは、Firefox用の拡張機能やテーマなどをインストールできます。広告を除去する「uBlock Origin」や各スクリプトを一元管理する「Greasemonkey」など、好きな拡張機能を導入してみましょう。

06 Google Chromeをインストールしよう

UbuntuではGoogle Chromeのオープンソース版である「Chromium」が用意されています。あくまでもWindows版やmacOS（OS X）版と同じGoogle Chromeを使いたい場合は、公式サイトからパッケージをダウンロードしましょう。Chrome自身の自動アップデートも可能になります。

「GDebiパッケージインストーラー」を導入する

1 Ubuntu Softwareからインストールする

P.162を参考に「Ubuntu Software」を起動し、検索ボックスに「Gdebi」と入力します①。パッケージが表示されたら＜インストール＞をクリックし②、管理者権限の認証を求められたら、テキストボックスにアカウントのパスワードを入力して③、＜認証する＞をクリックします④。しばらくすると、インストールが完了します。

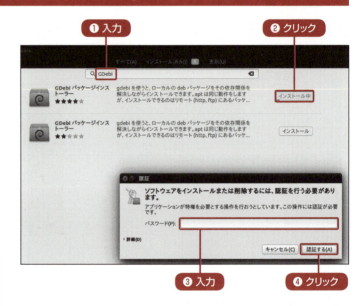

Memo

Linux版のGoogle Chromeは「debパッケージ」という形式で提供されているため、Ubuntu Softwareではインストールできません。「GDebiパッケージインストーラー」はdebパッケージのアプリをインストールするためのツールです。

パッケージをインストールする

1 公式サイトにアクセスする

Firefoxを起動し、Google Chromeの公式サイト（http://www.google.co.jp/chrome/）にアクセスして、＜Chromeをダウンロード＞をクリックします①。

2 パッケージをダウンロードする

ダウンロードパッケージを選択する画面が表示されます。＜64 bit .deb（Debian/Ubuntu版）＞が選択されていることを確認してから①、利用規約を確認し②、問題がなければ＜同意してインストール＞をクリックします③。

3 アプリを変更する

ダウンロード画面が表示されたら、「プログラムで開く」のボタンをクリックし①、メニューの＜その他＞をクリックします②。

4 GDebiパッケージインストーラーを選択する

「アプリケーションの選択」画面の一覧から＜GDebiパッケージインストーラー＞をクリックして選択し①、＜選択＞をクリックします②。

5 ダウンロードを開始する

「プログラムで開く」の選択が変更されたことを確認し①、＜OK＞をクリックします②。

6 GDebiパッケージインストーラーが起動する

ダウンロードが完了すると、GDebiパッケージインストーラーによるパッケージチェックが始まります。＜パッケージをインストール＞をクリックし①、インストールを実行します。インストールが完了したら＜閉じる＞をクリックします②。

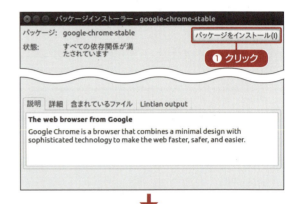

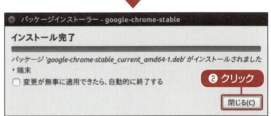

Memo

GDebiパッケージインストーラーの起動には管理者権限が必要です。認証を求められたら、テキストボックスにアカウントのパスワードを入力し、＜OK＞をクリックします。

7 Google Chromeを起動する

P.40の手順 1 を参考に、Dash画面で検索してGoogle Chromeを起動します①（P.164のColumn参照）。

Memo

ほかのOSでもGoogle Chromeを利用している場合は、P.40を参考にして、ランチャーに登録しておくと便利です。

第 4 章

メールを利用しよう

01　Thunderbirdを起動しよう
02　メールアカウントの追加やそのほかの設定をしよう
03　メールを送受信しよう
04　メールにファイルを添付して送信しよう
05　メールを整理しよう
06　アドレス帳から送信先を指定できるようにしよう

01 Thunderbirdを起動しよう

Ubuntuは標準メールアプリとして、「Mozilla Thunderbird(サンダーバード。以下、Thunderbird)」を採用しています。Firefoxと同じくWindows版やmacOS(OS X)版などもリリースされており、使い勝手に差はありません。まずは利用するための設定をしましょう。

Thunderbirdを起動する

1 Dashから起動する

Thunderbirdはランチャーに登録されていないため、Dashから起動します。Dash画面を表示して(P.40 手順1参照)、＜コンピューターを検索＞または＜アプリケーションを検索＞をクリックします。検索ボックスに「T」と入力し①、表示された＜Thunderbird電子メールクライアント＞をクリックします②。

Memo

Thunderbirdは複数のメールアカウントに対応し、RSSリーダーや学習型迷惑メールフィルターなどを備える多機能なメールアプリです。また、Firefoxと同じくテーマや拡張機能といったアドオンを追加できます。

2 Thunderbirdが起動した

Thunderbirdを初めて起動すると、最初にメールアカウントの設定を求められます。ここでは＜メールアカウントを設定する＞をクリックします①。

3 名前やメールアドレスを入力する

「あなたのお名前」「メールアドレス」「パスワード」の各テキストボックスに、メールの送受信時に表示する名前①、メールアドレス②、パスワード③を入力します。＜パスワードを記憶する＞をクリックしてチェックを付け④、＜続ける＞をクリックします⑤。

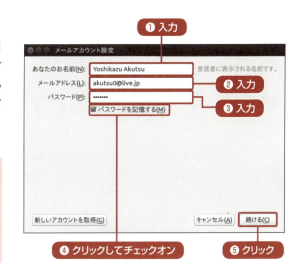

> **Memo**
>
> 右の画面で＜続ける＞をクリックすると、入力したメールアドレスとパスワードをもとに、「Mozilla ISP データベース」を利用してメールアカウントを自動設定します。自動設定ができなかった場合は、次の画面でメールアカウントの情報（ユーザー名、パスワード、受信／送信サーバー、セキュリティの種類など）を手動で入力します。

4 データベースから自動で設定する

ここで使用したメールアカウントはOutlook.comアカウントのため、データベースから検索が行われます。使用するプロトコルなどの情報を確認し①、問題がなければ＜完了＞をクリックします②。

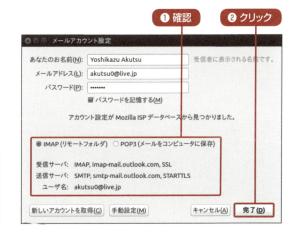

> **Memo**
>
> メールサーバーとの接続時に暗号化しない設定の場合、警告の画面が表示されます。その場合は説明を確認し、＜接続する上での危険性を理解しました＞をクリックしてチェックを付け、＜完了＞をクリックします。

5 準備が完了する

メールの設定が完了すると、メールサーバーとの同期が始まり、フォルダーが表示されます①。なお、パフォーマンス情報などの送信は自身のポリシーに沿って、＜はい＞＜いいえ＞いずれかをクリックします②。

> **Memo**
>
> 「ローカルフォルダ」はメールの受信にPOPを利用する際に使用されます。

02 メールアカウントの追加やそのほかの設定をしよう

> メールを利用する際、署名や迷惑メール防止などの設定は不可欠といえます。また、ほかのメールアカウントを追加する方法も知っておく必要があります。ここでは、Thunderbirdを利用するにあたって、事前に設定しておきたい項目について解説します。

署名を追加する

1 「アカウント設定」を開く

アプリメニューにマウスポインターを移動させて、＜編集＞メニュー①→＜アカウント設定＞の順にクリックします②。

2 署名を追加する

「アカウント設定」画面が開いたら、メールアカウント名が選択されているのを確認して①、「署名編集」のテキストボックスに署名の内容を入力し②、＜OK＞をクリックします③。

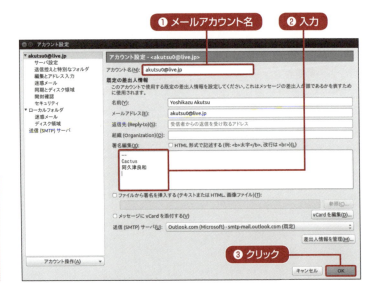

Memo

右の画面で＜ファイルから署名を挿入する＞をクリックしてチェックを付け、＜参照＞をクリックすると、「ファイルを選択」画面が表示されます。ここから、署名を記述したファイルを選択する方法もあります。

メールアカウントを追加する

1 ＜アカウント操作＞から実行する

前ページの手順を参考に「アカウント設定」画面を開き、＜アカウント操作＞をクリックして①、ドロップダウンリストから＜メールアカウントを追加＞をクリックします②。

Memo

右の画面で＜チャットアカウントを追加＞をクリックすると、FacebookチャットやGoogle Talk、Yahooなどのインスタントメッセージ用アカウントを追加できます。また、＜フィードアカウントを追加＞をクリックすると、RSS/ATOMフィードの追加アカウントを作成できます。

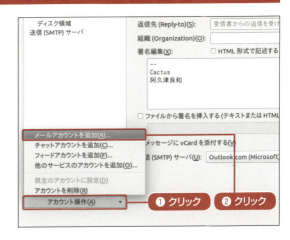

2 「メールアカウント設定」が起動した

「メールアカウント設定」画面が表示されます。P.68の「Thunderbirdを起動しよう」を参考に、追加するメールアカウントの情報を入力します。

迷惑メールの誤認識を防ぐ設定をする

1 「記録用アドレス帳」をチェックする

前ページの手順を参考に「アカウント設定」画面を開き、＜迷惑メール＞をクリックします①。＜記録用アドレス帳＞をクリックしてチェックを付け②、＜OK＞をクリックします③。

Memo

受信したメールなどをもとに、相手のメールアドレスを管理するのが「個人用アドレス帳」です。一方、自分が送信もしくは返信したメールアドレスは自動的に「記録用アドレス帳」に追加されます。ただし、受信しただけでは追加されないため、この設定は迷惑メールの誤認識を防ぐ効果があります。

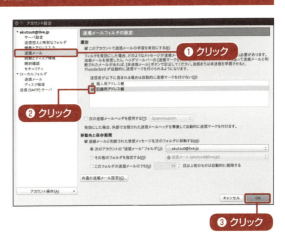

03 メールを送受信しよう

Thunderbirdは画面を3分割した3ペイン形式のメールアプリです。左のツリーペインでアカウントやフォルダーを選択し、件名のペインからメールを選択して、メッセージペインで受信したメールを確認したり返信したりします。ここでは実際の使い方を解説します。

メールを受信する

1 メールを開く

＜受信＞をクリックすると①、未受信のメールを取得し、「件名」に表示されます②。メールを読むには、目的のメールをクリックします③。

Memo
既定では、外部URLなどにリンクを張った画像などのコンテンツは表示されません。

2 すべてのコンテンツを表示させる

＜設定＞をクリックし①、＜このメッセージ内のリモートコンテンツを表示する＞をクリックします②。

Memo
手順2の操作で、メールアドレスやドメイン名が書かれた＜～リモートコンテンツを許可する＞をクリックすると、常にコンテンツが表示されるようになります。

3 コンテンツが表示された

非表示だったコンテンツが表示されます①。

> **Memo**
>
> 誤って操作した場合は、アプリメニューの＜編集＞メニュー→＜設定＞→＜プライバシー＞タブの順にクリックし、＜例外＞をクリックすると表示される画面から操作します。

メールを送信する

1 メールを作成する

＜作成＞をクリックし①、「宛先」に相手のメールアドレスを入力して②、「件名」にメールのタイトルを入力します③。本文を入力したら④、＜送信＞をクリックします⑤。

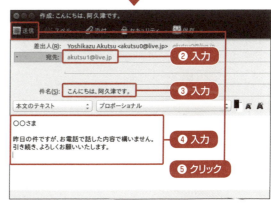

> **Memo**
>
> アドレス帳に登録していないメールアドレスを入力すると、赤色で表示されます。間違いがないか確認しましょう。なお、＜保存＞をクリックすると、書いたメールを下書きフォルダーやテンプレートとして保存できます。

2 送信済みメールを確認する

ツリーペインの＜送信済みトレイ＞をクリックし①、送信済みのメールをクリックすると②、内容を確認できます③。

> **Memo**
>
> Thunderbirdは既定でHTMLメールを作成します。一般的なプレーンメールを作成する場合は、編集メニューで＜アカウント設定＞をクリックし、「アカウント設定」画面で＜編集とアドレス入力＞をクリックし、＜HTML形式でメッセージを編集する＞をクリックしてチェックを外します。

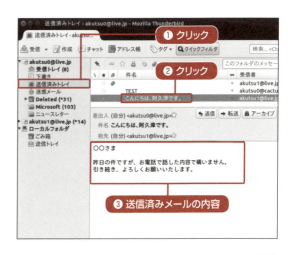

04 メールにファイルを添付して送信しよう

写真や仕事の資料などを相手に送りたいときは、メールの添付機能を使いましょう。メールサーバーは添付ファイルのサイズに上限を設定していることが多いので、容量の大きなファイルは第10章で解説するDropboxなどのオンラインストレージを使いましょう。

ファイルを添付する

1 ＜添付＞ボタンをクリックする

P.73を参考にメールを作成し、＜添付＞をクリックします①。

Memo

＜添付＞の▼をクリックすると表示されるメニューから＜添付忘れを通知＞をクリックしてチェックを付けると、メール送信時に確認メッセージが表示されます。

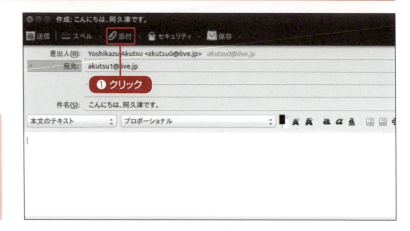

2 添付するファイルを選択する

「添付ファイル」画面が表示されます。「場所」から、目的のファイルを保存したフォルダー（ここでは＜ピクチャ＞）をクリックし①、ファイルをクリックして選択したら②、＜開く＞をクリックします③。

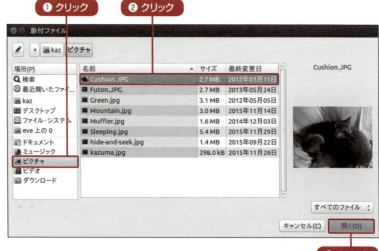

3 ファイルが添付された

ファイルの添付が完了します①。メールの本文を入力して送信します。

Memo

標準の設定では、容量5MB以上のファイルはメールへの添付ではなく、オンラインストレージで共有することを推奨しています。この設定は、＜編集＞メニューの＜設定＞をクリックし、「Thunderbirdの設定」画面で＜添付ファイル＞タブをクリックすると確認できます。

添付ファイルを保存する

1 メールを受信する

ファイルが添付された受信メールをクリックして開き①、＜保存＞をクリックします②。

Memo

添付ファイルが複数ある場合、＜保存＞ボタン横の領域をクリックすると、添付されたファイルを個別に確認できます。

2 ファイルを保存する

「添付ファイルを保存」画面が表示されます。「場所」で、保存先となるフォルダー（ここでは＜デスクトップ＞）をクリックして選択し①、＜保存＞をクリックします②。

05 メールを整理しよう

> メールはフォルダーで分類すると管理が楽ですが、検索機能で絞り込んで表示させるほうが便利なこともあります。しかし、職場や取引先などからの重要なメールは、自動振り分けで特定のフォルダーに保存すると安心です。ケースバイケースで対応しましょう。

フォルダーを作成する

1 新しいフォルダーを作成する

メールアドレスを名前に持つフォルダーを右クリックし①、＜新しいフォルダ＞をクリックします②。

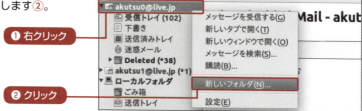

2 フォルダー名を入力する

「名前」のテキストボックスにフォルダー名を入力し①、＜フォルダを作成＞をクリックします②。

振り分け条件を設定する

1 設定画面を開く

アプリメニューにマウスポインターを移動させて、＜ツール＞メニュー①→＜メッセージフィルタ＞の順にクリックします②。

2 新規フィルタを作成する

表示される「メッセージフィルタ」画面で＜新規＞をクリックします①。

📝Memo

ここではメール差出人に「microsoft」の文字列を持つメールを、「Microsoft」のフォルダーに移動するフィルタを作成します。

3 フィルタの条件を入力する

「フィルタ名」のテキストボックスにフィルタ名を入力し①、ドロップダウンリストで＜差出人＞②と＜に次を含む＞③を選択して、テキストボックスに振り分けの条件（ここでは「microsoft」）を入力します④。「以下の操作を実行する」のドロップダウンリストで＜メッセージを移動する＞を選択し⑤、右のドロップダウンリストから移動先のフォルダーを選択して⑥、＜OK＞をクリックします⑦。

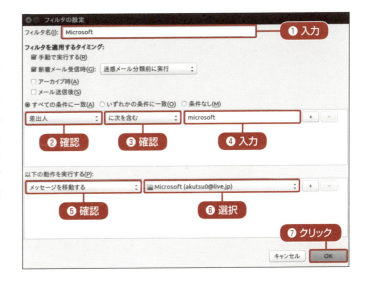

4 フィルタを実行する

「フィルタを使用するフォルダ」のボタンをクリックし、ドロップダウンリストからフィルタを実行するフォルダーを選択します①。＜今すぐ実行＞をクリックすると②、フィルタを実行できます。

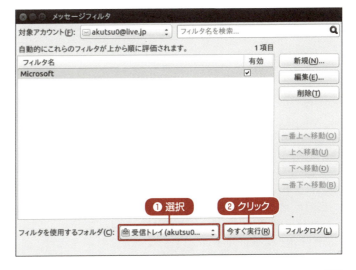

検索でメールを絞り込む

1 「クイックフィルタ」機能を使う

対象となるフォルダー（ここでは＜Microsoft＞）をクリックし①、＜クイックフィルタ＞をクリックします②。クイックフィルタが表示されたら、テキストボックスにキーワードを入力すると③、キーワードが含まれるメールのみ表示されます④。

> **Memo**
>
> ②の＜クイックフィルタ＞をクリックするたびに、クイックフィルタの表示／非表示が切り替えられます。

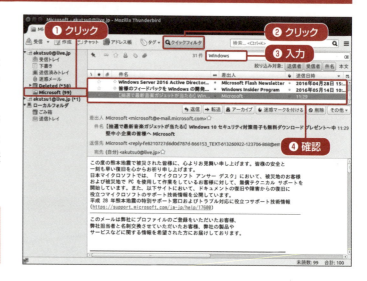

2 マッチしない場合は？

キーワードがマッチせず、クイックフィルタ機能が動作しない場合、すべてのメールを検索対象にするか確認のメッセージが表示されるので、Enterキーを押します①。

3 検索結果が表示された

すべてのフォルダーを対象にキーワード検索が実行されます①。

> **Memo**
>
> Thunderbirdの右上にある検索ボックスは、フォルダーやアカウントに左右されず、すべてのメッセージを対象に検索を実行する「グローバル検索」機能です。「クイックフィルタ」機能は、現在のメッセージ一覧から検索する際に使用します。

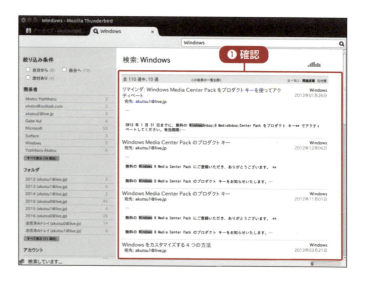

アーカイブにメールをまとめる

1 対象を選択して実行する

対象となるフォルダー(ここでは<Microsoft>)をクリックして開き①、Ctrl+Aキーを押してフォルダー内のメールをすべて選択します②。アプリメニューにマウスポインターを移動させて、<メッセージ>メニュー③→<アーカイブ>の順にクリックします④。

Memo

Thunderbirdはフォルダー内のメールを年ごとに振り分ける「アーカイブ」機能があります。

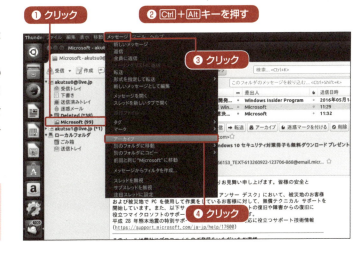

2 「アーカイブ」フォルダーに移動した

画面の例では、「Microsoft」フォルダー内のメールが①、「アーカイブ」フォルダー下に並ぶ年ごとのサブフォルダーに移動します②。

Memo

アーカイブの動作は利用しているメールサービスによって異なります。例えばGmailはアーカイブオプションが設定できないため、既定で<すべてのメール>フォルダーに移動します。これらの設定はP.70で紹介した「アカウント設定」画面の<送信控えと特別なフォルダ>から設定できます。

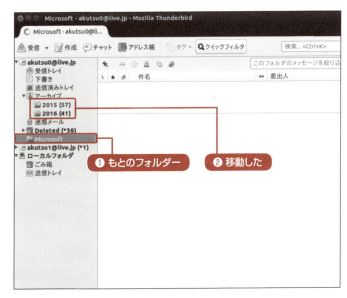

3 移動を確認する

任意の年のフォルダーをクリックすると①、一覧ペインにその年に受信したメールが表示されます②。

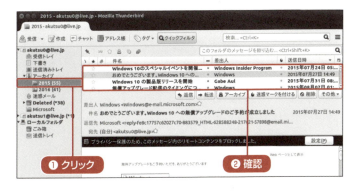

06 アドレス帳から送信先を指定できるようにしよう

メールを送信する際は、送信先のメールアドレスを入力する必要があります。Thunderbirdは送信／返信した相手のメールアドレスを自動的に「記録用アドレス帳」に登録します。この情報を「個人用アドレス帳」に移動させて、送信先のメールアドレスを入力できるようにしましょう。

アドレス帳を整理する

1 アドレス帳を開く

＜アドレス帳＞をクリックし①、「アドレス帳」を起動して、＜記録用アドレス帳＞をクリックすると②、自動登録されたアドレスが表示されます。アドレスをダブルクリックします③。

2 情報を入力する

＜連絡先＞タブをクリックし①、氏名ほかの情報を入力して②、＜OK＞をクリックします③。

Memo

記録用アドレス帳に自動的に登録された状態では、「メールアドレス」しか記録されていないので、ここで各種情報を入力します。なお、＜連絡先＞以外のタブでは住所や勤務先の情報、IM用アドレスなどが登録できます。また、＜顔写真＞タブでは写真や画像をメールアドレスに設定できます。

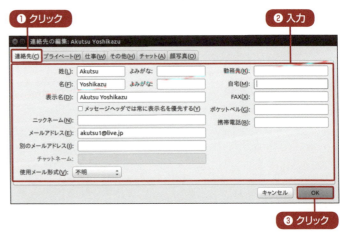

3 メールアドレスを移動する

現在は＜記録用アドレス帳＞にメールアドレスがある状態です。メールアドレスを＜個人用アドレス帳＞へドラッグ＆ドロップします①。

4 「個人用アドレス帳」に移動した

＜個人用アドレス帳＞にメールアドレスが移動しました。＜個人用アドレス帳＞をクリックし①、メールアドレスをクリックして②、内容を確認します③。

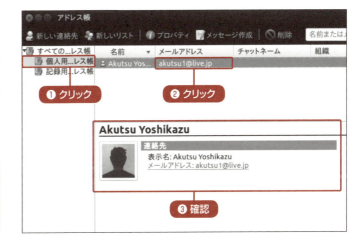

📝 Memo

「記録用アドレス帳」を放置しておくと、多くのメールアドレスが記録されていきます。時間に余裕がある時に整理することをおすすめします。

アドレス帳からメールを作成する

1 アドレス帳から作成する

あらかじめ「アドレス帳」を起動した状態で、メールアドレスをクリックして選択し①、＜メッセージ作成＞をクリックします②。

2 メールの件名や本文を入力する

メール作成画面が表示され、宛先欄に手順1で選択したメールアドレスが入力されます①。メールの件名や本文を入力して送信します。

メールアドレスの補完機能を利用する

1 メールアドレスの一部を入力する

Thunderbirdの＜作成＞をクリックし①、「宛先」にメールアドレスの一部（ここでは「a」）と入力します②。

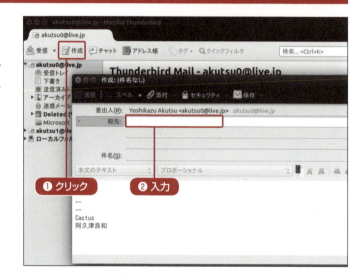

2 メールアドレスが補完された

「個人用アドレス帳」に登録された名前をもとに、メールアドレスが自動的に補完されます。このままEnterキーを押します①。

Memo

Thunderbirdでは、メールアドレスや名前の一部を入力しただけで候補を表示する機能が備わっています。複数の候補が表示された場合は、次の文字を続けて入力すると絞り込みができます。

第 5 章

Ubuntuのファイル操作をマスターしよう

01 ホームフォルダーのしくみを理解しよう
02 ファイルやフォルダーの表示方法を変更しよう
03 ファイルやフォルダーを作成／削除しよう
04 ファイルやフォルダーを移動／コピーしよう
05 ファイルを検索しよう
06 ファイルを圧縮／展開しよう

01 ホームフォルダーのしくみを理解しよう

ランチャーの＜ファイル＞をクリックすると「Nautilus（ノーチラス）」が起動して、「ホームフォルダー」が表示されます。これらはWindows 10のエクスプローラーとユーザーフォルダーに相当します。ホームフォルダー内には、用途に合わせたフォルダーが用意されています。

ランチャーからホームフォルダーを開く

1 「ホームフォルダー」をクリックする

ランチャーの＜ファイル＞をクリックします①。

Memo
ランチャーのアイコンの並び順を変更していない場合、⊞＋1キーを押せばNautilusが起動します。

2 ホームフォルダーが開く

Nautilusが起動して、ホームフォルダーが開きます。ホームフォルダー内には、既定で作成されたフォルダーが並びます①。

フォルダーを開く

1 フォルダーをダブルクリックする

<ホーム>が選択された状態で①、ホームフォルダー内の<ピクチャ>をダブルクリックします②。

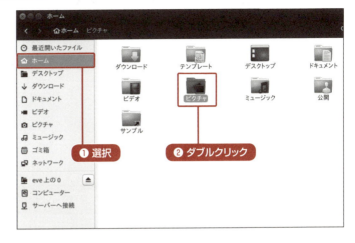

2 ピクチャフォルダーが開いた

ピクチャホルダーが開き、中にあるファイルが表示されます①。

Memo

サイドバーの<ドキュメント><ビデオ><ピクチャ>などの項目名をクリックすることでも、各フォルダーを開くことができます。

Column

コンテキストメニューから開く

　ランチャーのアイコンを右クリックすると①、コンテキストメニューが表示されます。各項目をクリックすると②、選択したフォルダーが開いた状態でNautilusが起動します。

02 ファイルやフォルダーの表示方法を変更しよう

保存したファイルが増えてくると、初期状態の「アイコン」形式では視認性が低下します。Nautilusは「一覧」「アイコン」の2つの表示形式が利用できるので、場面や用途に合わせて切り替えましょう。また、アイコンのサイズも変更できます。

アイコンの表示形式を変更する

1 アプリメニューから変更する

Nautilusを起動し、表示形式を変更するフォルダーを開きます。アプリメニューにマウスポインターを移動させて、<表示>メニュー①→<一覧>の順にクリックします②。

Memo
[Ctrl]+[1]キーを押すことでも、表示形式を「一覧」に切り替えできます。

2 表示形式が切り替わった

ファイルの表示形式が「一覧」に切り替わりました①。ファイルのサイズや種類、更新日時などのプロパティ情報が表示されます。

Memo
表示形式をもとの「アイコン」表示に戻すには、メニューから<表示>メニュー→<アイコン>の順にクリックします。もしくは[Ctrl]+[2]キーを押します。

アイコンの表示サイズを変更する

1 アプリメニューで＜拡大＞を選択する

Nautilusを起動し、アイコンのサイズを変更するフォルダーを開きます。アプリメニューにマウスポインターを移動させて、＜表示＞メニュー①→＜拡大＞の順にクリックします②。

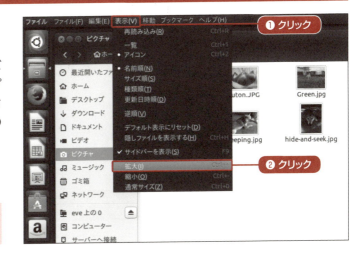

Memo
Ctrl+[+]キーを押すことでも、アイコンを拡大できます。

2 アイコンが拡大した

アイコンが拡大表示されます①。同じ操作を繰り返すことで、さらに大きく表示できます。

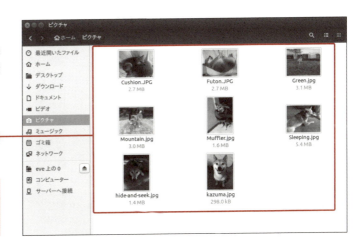

Memo
アイコンは、Ctrl+[+]キーを押すと拡大を繰り返し、Ctrl+[-]キーを押すと縮小を繰り返します。

3 もとのサイズに戻す

アプリメニューにマウスポインターを移動させて、＜表示＞メニュー①→＜通常サイズ＞の順にクリックすると②、アイコンがもとのサイズに戻ります。

Memo
Ctrl+[0]キーを押すことでも、アイコンをもとのサイズに戻せます。

03 ファイルやフォルダーを作成／削除しよう

書類や写真などを操作する場合、専用のフォルダーを作成すると管理しやすくなります。ここではUbuntuでフォルダーを作成する方法のほか、ファイル・フォルダーの名前の変更、不要なファイル・フォルダーの削除の手順を解説します。

新しいフォルダーを作成する

1 アプリメニューから作成する

フォルダーを作りたい場所を開き、アプリメニューにマウスポインターを移動させて、＜ファイル＞メニュー①→＜新規フォルダー＞の順にクリックします②。

Memo

Ctrl＋Shift＋Nキーを押すことでも、フォルダーを作成できます。

2 フォルダーに名前を付ける

「無題のフォルダー」という名前のフォルダーが作成されます①。フォルダー名は編集状態になるので、フォルダーの名前を入力して②、Enterキーを押します③。

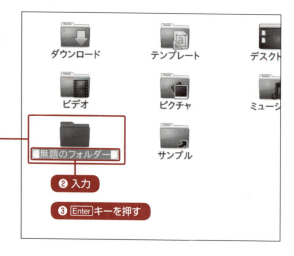

3 コンテキストメニューから作成する

フォルダーを作りたい場所の何もないところを右クリックし①、コンテキストメニューの＜新しいフォルダー＞をクリックすると②、新しいフォルダーを作成できます③。

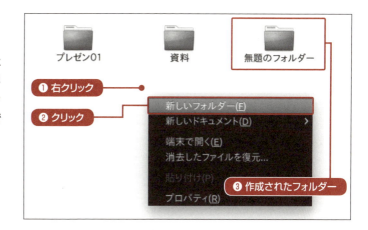

ファイルやフォルダーの名前を変更する

1 アプリメニューから変更する

フォルダー名を変更するには、対象となるフォルダーをクリックして選択し①、アプリメニューにマウスポインターを移動させて、＜編集＞メニュー②→＜名前の変更＞の順でクリックします③。

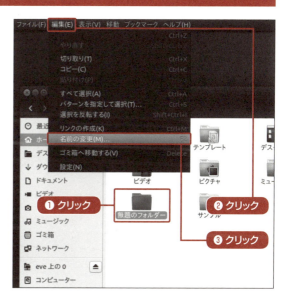

Memo
フォルダーを選択した状態で F2 キーを押してもフォルダー名が編集状態になります。

2 フォルダー名を変更する

フォルダー名が編集状態になります。新しいフォルダー名を入力し①、Enter キーを押します②。

Memo
ここではフォルダー名を変更していますが、ファイル名の変更も手順は同じです。その場合、ファイルの拡張子を変更しないよう注意しましょう。

ファイルやフォルダーを削除する

1 ゴミ箱にドラッグ＆ドロップする

不要なファイルやフォルダーをランチャーの＜ゴミ箱＞にドラッグ＆ドロップします①。すると、ゴミ箱アイコンの形状が変化します②。

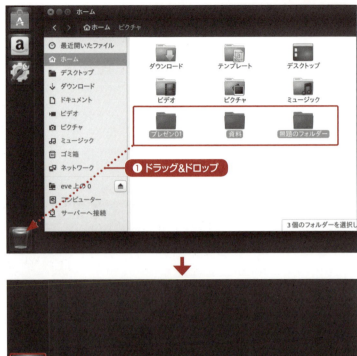

2 ゴミ箱を空にする

手順1を実行した状態では、ファイルやフォルダーがゴミ箱に移動しただけです。完全に削除するには、＜ゴミ箱＞を右クリックし①、＜ゴミ箱を空にする＞をクリックします②。

3 削除を実行する

確認のメッセージが表示されます。＜ゴミ箱を空にする＞をクリックすると①、完全に削除されます。

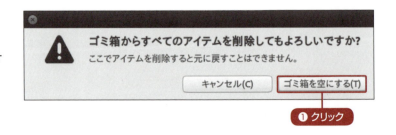

ゴミ箱のファイルやフォルダーをもとに戻す

1 ゴミ箱を開く

誤ってゴミ箱にファイルやフォルダーを移動しても、完全に削除する前であれば、もとに戻せます。まず、ランチャーの＜ゴミ箱＞をクリックします①。

2 ＜元に戻す＞を選択する

ゴミ箱が開くので、もとの場所に戻したいファイルやフォルダーを選択します①。アプリメニューにマウスポインターを移動させて、＜編集＞メニュー②→＜元に戻す＞の順でクリックします③。

Memo

ファイルやフォルダーを選択した状態で右クリックし、コンテキストメニューの＜元に戻す＞をクリックすることでも、もとの場所に戻すことができます。

Column

もとの場所を確認する

＜ゴミ箱＞を開いた状態で表示形式を＜一覧＞に変更すると、項目に「元の場所」が表示されます。ゴミ箱に移動させたファイルやフォルダーのもとの場所を確認できます①。

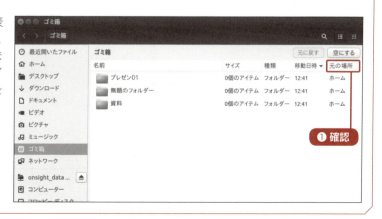

04 ファイルやフォルダーを移動／コピーしよう

> ファイルやフォルダーを移動／コピーする場合、目的のフォルダーにアイコンをドラッグ＆ドロップするほか、アプリメニューから操作する方法もあります。なお、ここではフォルダーを例に解説していますが、ファイルを移動／コピーする場合も操作は同じです。

ファイルやフォルダーを移動する

1 フォルダーをドラッグ＆ドロップする

対象となるフォルダーをデスクトップにドラッグ＆ドロップします①。

Memo
ここでは例として、ホームフォルダー内の「写真」フォルダーをデスクトップに移動します。

2 フォルダーが移動した

フォルダーが移動しました①。

Memo
同じストレージ内のドラッグ＆ドロップは基本的に「移動」が行われます。

ファイルやフォルダーをコピーする

1 Ctrlキーを押しながらドラッグ&ドロップする

Ctrlキーを押しながら、対象となるフォルダーをデスクトップにドラッグ&ドロップします①。

Memo
ここでは例として、ホームフォルダー内の「写真」フォルダーをデスクトップにコピーします。

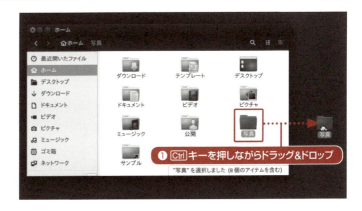

2 フォルダーがコピーされた

フォルダーがコピーされました①。

Memo
Ctrlキーを押しながらドラッグ&ドロップすることで、既定のアクションが「コピー」になります。

移動またはコピーを選択できるようにする

1 Altキーを押しながらドラッグ&ドロップする

フォルダーをクリックして選択し①、Altキーを押して②、そのままデスクトップにドラッグ&ドロップします③。

Memo
①ではフォルダーをクリックし、マウスのボタンを押したままAltキーを押します。ボタンを離したり、先にAltキーを押したりすると、フォルダーではなくウィンドウが移動します。

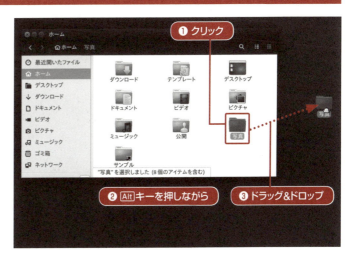

2 アクションが選択可能になった

メニューから＜ここへ移動＞＜ここへコピー＞などの操作をクリックで選択できます①。

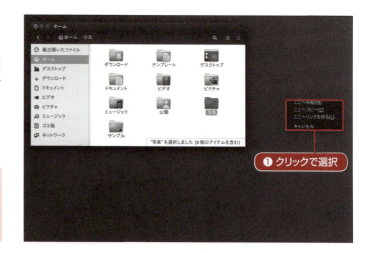

> **Memo**
> ＜ここへリンクを作る＞をクリックすると、ファイルやフォルダーの実体のように操作できるシンボリックリンクを作成します。

メニューからファイルやフォルダーを移動する

1 ＜切り取り＞を使用する

対象となるフォルダーをクリックして選択し①、アプリメニューにマウスポインターを移動させて、＜編集＞メニュー②→＜切り取り＞の順でクリックします③。

> **Memo**
> この操作は Ctrl + X キーを押しても代用できます。

2 ＜貼り付け＞を使用する

Nautilusの＜デスクトップ＞をクリックして選択し①、アプリメニューにマウスポインターを移動させて、＜編集＞メニュー②→＜貼り付け＞の順でクリックすると③、移動が完了します④。

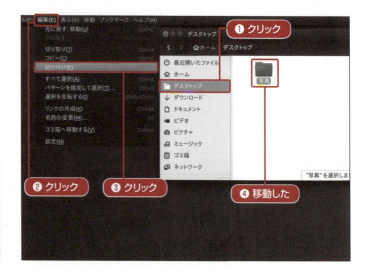

> **Memo**
> メニュー操作の場合、直接デスクトップに貼り付けることはできないため、Nautilusを使ってアクティブなフォルダーを切り替えてからメニュー操作を実行します。なお、この操作は Ctrl + V キーを押しても代用できます。

同名のファイルやフォルダーがある場所に移動する

1 ドラッグ&ドロップで移動する

デスクトップにあるフォルダーをホームフォルダーにドラッグ&ドロップします①。

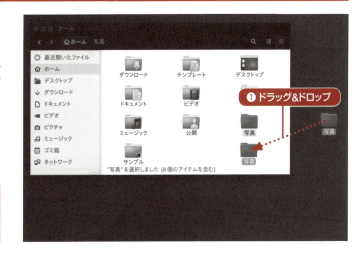

Memo
ここでは、フォルダーのコピーまたは移動先に、同じ名前のフォルダーが存在する場合の操作を解説します。

2 <マージ>で個別に確認する

移動先に同名のフォルダーがあると、マージ(上書き)するか確認する画面が表示されます。<マージする>をクリックします①。

Memo
<置き換え先の新しい名前を選択>をクリックすると、テキストボックスに新しいフォルダー名を入力することで、異なるフォルダーとして移動できます。

3 サムネイルなどで判断する

(移動先にある)もとのファイルと、(移動元となる)置き換えファイルのサムネイルやファイルサイズ、最終更新日時が表示されます①。上書きして構わない場合は<置き換える>をクリックし、上書きしないで次のファイルに進むときは<スキップする>をクリックします②。

Memo
<このアクションをすべてのファイルに適用する>をクリックしてチェックを付けると、次以降のファイルに対して同じアクション(置き換える/スキップする)が適用されます。

05 ファイルを検索しよう

> Ubuntuでファイルを検索するには、Nautilusの検索ボックスを使用するか、Dashの検索機能を使用します。WindowsからUbuntuに移行してきたユーザーには、後者の操作は煩雑になるため、ここではNautilusによる操作を解説します。

検索を実行する

1 検索を有効にする

Nautilusを起動し、🔍をクリックします①。

2 検索バーにキーワードを入力する

検索バーが表示されます。検索バーのテキストボックスに任意のキーワードを入力します①。

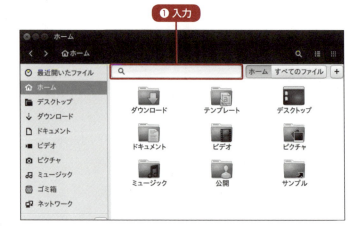

Memo

検索バーは Ctrl + F キーを押すことでも表示できます。

3 検索結果が示される

入力の途中で、キーワードに部分一致するファイルやフォルダーがあると表示されます①。

検索条件を追加する

1 画像で検索する

⊞をクリックして検索条件を追加します①。<任意>をクリックし②、ここではドロップダウンリストから<写真>をクリックして選択します③。

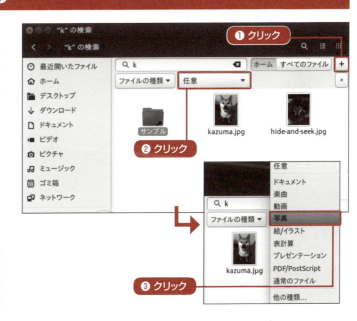

📝Memo

現在のNautilusでは、<ファイルの種類>をクリックしてもほかの選択肢は用意されていません。

2 検索結果が絞り込まれた

JPEG形式など画像ファイルのみ表示されます①。

06 ファイルを圧縮／展開しよう

ファイルを送信・共有する際は圧縮機能が不可欠です。複数のファイルはそのまま送信するのではなく、圧縮して1つにまとめたほうが相手の負担を軽減できます。メールにファイルを添付する際は、Nautilusのファイル圧縮機能を利用しましょう。

圧縮ファイルを作成する

1 圧縮対象を選択する

Ctrlキーを押しながら、圧縮するファイルのアイコンを順番にクリックします①。クリックしたアイコンがすべて選択状態になります。

Memo
フォルダー内にあるすべてのファイルを選択する場合は、Ctrl+Aキーを押します。

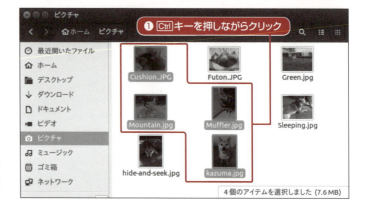

2 ＜圧縮＞を選択する

選択済みファイルのいずれかを右クリックし①、メニューの＜圧縮＞をクリックします②。

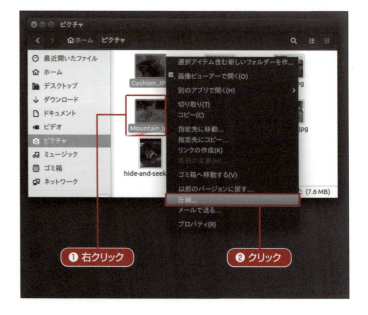

3 ファイル名や圧縮形式を変更する

「ファイル名」のテキストボックスに任意の名前を入力し①、「場所」のボタンをクリックして、圧縮ファイルの保存先を指定します②。続いて圧縮形式のボタンをクリックし③、＜.zip＞をクリックして選択したら④、＜作成＞をクリックします⑤。

> **Memo**
> UNIX系OSではgzip（拡張子は.tar.gzなど）やbzip2（拡張子はtar.bz2など）を使用しますが、Windowsでも標準で処理できるZIP形式（拡張子「.zip」）を選択するのが無難です。

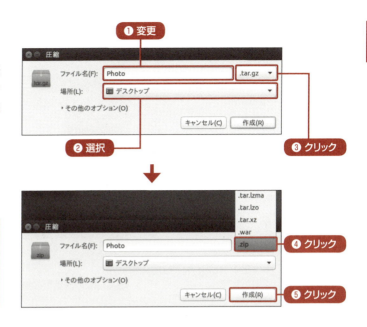

4 圧縮ファイルが作成された

今回はデスクトップを作成先として選択したため、デスクトップに圧縮ファイルが作成されます①。＜閉じる＞をクリックします②。

> **Memo**
> ＜アーカイブを開く＞をクリックすると「アーカイブマネージャー」が起動し、圧縮ファイル内容が表示されます。

■ Column

パスワード付き圧縮ファイルを作成する

手順3で＜その他のオプション＞をクリックすると①、圧縮オプションが表示されます。「パスワード」のテキストボックスに任意のパスワードを入力して②、＜作成＞をクリックします③。

このファイルを展開する際、圧縮時に設定したパスワードの入力が必要になります。機密性の高いファイルを送信する際などに利用しましょう。

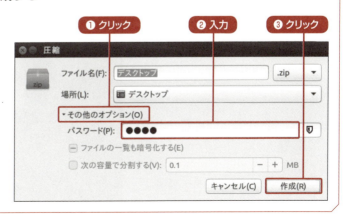

圧縮ファイルを展開する

1 「アーカイブマネージャー」を使用する

展開する圧縮ファイルをダブルクリックします①。アーカイブマネージャーが起動するので、＜展開＞をクリックします②。

2 展開先を選択する

「展開」画面が表示されます。ツリーから任意の展開先（ここでは＜デスクトップ＞）をクリックして選択し①、＜展開＞をクリックします②。

3 ファイルが展開がされた

圧縮ファイルが展開されます①。アーカイブマネージャーの＜終了＞をクリックします②。

Memo

＜ファイルを表示する＞をクリックすると、Nautilusで展開先フォルダーが開きます。

第 6 章

写真や動画を楽しもう

01 Shotwellの初期設定をしよう
02 Shotwellの基本操作をマスターしよう
03 Shotwellで写真を送信／公開しよう
04 家庭で作ったDVD／Blu-rayのビデオを再生しよう
05 HandBrakeで動画ファイルの形式を変換しよう
06 そのほかの写真／動画アプリを試そう

01 Shotwellの初期設定をしよう

Ubuntuには、写真（画像）管理アプリとして「Shotwell（ショットウェル）」が搭載されています。スマホやデジタルカメラなどで撮影した画像ファイルを管理する際に使用します。Shotwellにインポートした画像ファイルは、撮影日やテーマに応じてフォルダーごとに分けられます。

Shotwellを起動して画像ファイルを取り込む

1 Dashから検索する

Dashアイコンをクリックし①、テキストボックスに「shot」と入力します②。＜Shotwell Photo Manager＞をクリックします③。

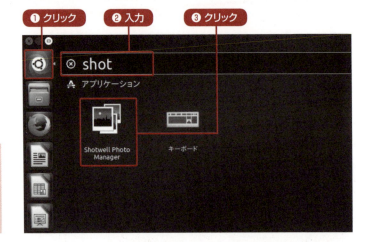

Memo
Shotwellは、ピクチャフォルダー内の画像ファイルをインポートする機能を備えています。ここではピクチャフォルダーに画像ファイルが保存されていることを前提に解説しています。

2 Shotwellが起動した

Shotwellが起動すると、「ようこそ」画面が表示されます。ピクチャフォルダー内の写真のインポートに関する説明を確認して①、＜このメッセージを再び表示しない＞をクリックしてチェックを付け②、＜OK＞をクリックします③。

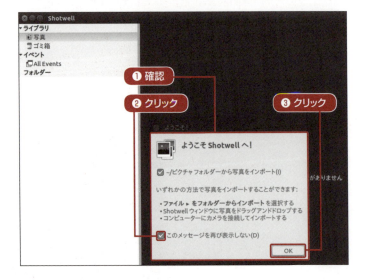

3 画像ファイルがインポートされた

画像ファイルのインポートが完了し、Shotwell上で管理できるようになります。<OK>をクリックします①。

> **Memo**
>
> インポートが完了しても、ピクチャフォルダー内のファイルは削除されません。

4 Shotwellの画面構成を確認する

Shotwellの画面は、ライブラリや年ごとなどのカテゴリーから画像ファイルを選択するツリー①、選択した画像ファイルのプロパティを表示するエリア②、画像ファイルのサムネイルを表示するエリア③、選択した画像ファイルに対してアクションを適用するボタンが並ぶバー④で構成されます。

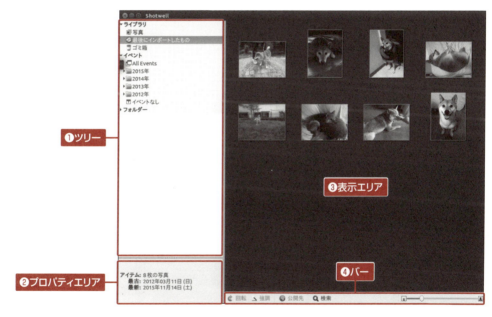

5 ランチャーにピン留めする

Shotwellをよく使う場合は、ランチャー上のアイコンを右クリックし①、<Launcherに登録>をクリックします②。

02 Shotwellの基本操作をマスターしよう

Shotwellは画像ファイルの分類に加えて、かんたんな編集機能を備えています。画像ファイルに加えた加工は破棄できるため、気軽に試してみましょう。また、Shotwellでは画像を撮影日などから分類する機能も備えています。ここではタグや評価の使い方を解説します。

画像ファイルを表示する

1 画像を拡大する

表示エリアに並ぶサムネイルから、拡大する画像ファイルをダブルクリックすると①、拡大表示されます②。

Memo

表示サイズはウィンドウサイズに連動します。もとのサムネイルが並ぶ画面に戻るにはEscキーを押します。

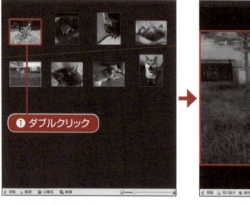

2 サムネイルのサイズを変更する

バーの右端にあるスライダーをドラッグすると、サムネイルのサイズを変更できます。左方向にドラッグすると①、サムネイルは小さくなります②。右方向にドラッグすると、サムネイルは大きくなります。

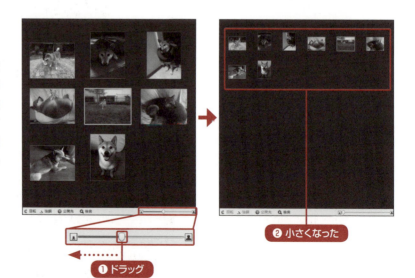

撮影日から表示する

1 イベントを開く

ツリーから「イベント」の▶をクリックし①、任意の時期(ここでは<2015年>)をクリックすると②、その時期に撮影した画像ファイルが表示されます③。

> **Memo**
> Shotwellでは撮影日を「イベント」と呼びます。

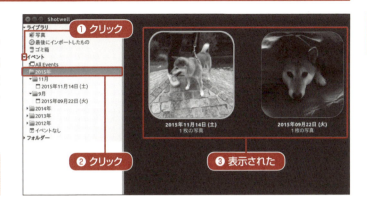

簡易フォトレタッチを行う

1 画像を強調する

P.104を参考に画像を拡大し、<強調>をクリックします①。

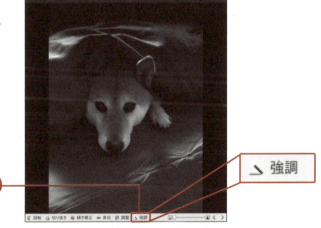

2 コントラストが強調された

画像のコントラストが強調されました①。

> **Memo**
> もとの明るさに戻すには、[Ctrl]+[Z]キーを押します。

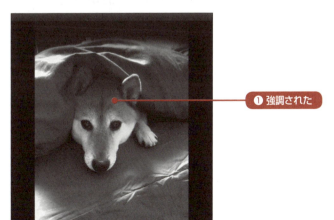

3 画像全体を調整する

＜調整＞をクリックすると①、「調整」画面が表示されて、露出や彩度などをスライダーで調整できます②。調整後、＜OK＞をクリックします③。

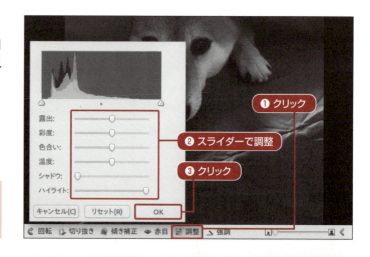

> **Memo**
> ここで表示した「調整」画面など、バーのボタンをクリックすると表示される画面を消すには[Esc]キーを押します。

4 赤目補正を行う

＜赤目＞をクリックし①、表示された円形をドラッグして位置を微調整します②。スライダーを左方向にドラッグすると適用範囲を縮小し、右方向にドラッグすると適用範囲を拡大します③。調整後、＜Apply＞をクリックします④。

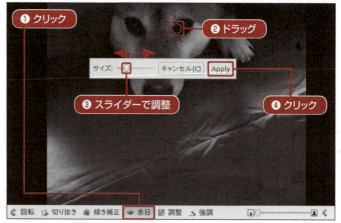

5 傾きを補正する

＜傾き補正＞をクリックすると①、画像全体にグリッド（格子模様）が表示されます②。スライダーを左方向にドラッグすると角度がマイナスの反時計回りに、右方向にドラッグすると角度がプラスの時計回りに写真が傾きます③。調整後、＜傾き補正＞をクリックします④。

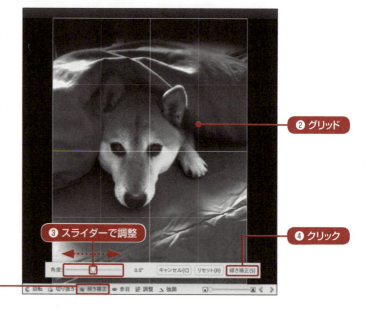

6 画像を切り抜く

＜切り抜き＞をクリックすると①、画像上に切り抜き範囲が表示されます②。＜正方形＞をクリックし③、ドロップダウンリストから切り抜き方式をクリックして選択します。切り抜き範囲をドラッグして位置を調整したら④、＜切り抜き＞をクリックします⑤。

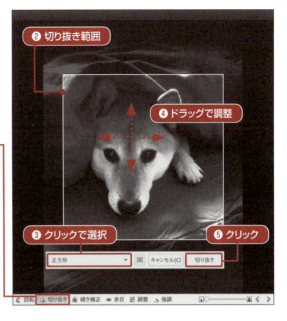

📝 Memo

③の切り抜き方式は、＜正方形＞のほかに＜画面＞＜SD動画サイズ＞などの各サイズが用意されています。また、切り抜き範囲の枠上にマウスポインターを置くと形状が変わり、ドラッグ操作でサイズを変えることも可能です。

7 もとに戻す

画像を右クリックし①、コンテキストメニューの＜オリジナルに戻す＞をクリックすれば②、レタッチの結果をすべて取り消すことができます。

タグを追加する

1 メニューから追加する

画像ファイルにタグを付けることで、より効率的な管理が可能になります。タグを付けたい画像ファイルを右クリックし①、＜タグを追加する＞をクリックします②。

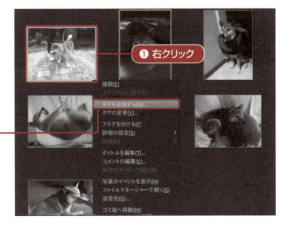

📝 Memo

[Ctrl]+[A]キーを押してすべてを選択することも可能です。

2 タグ名を入力する

「タグの追加」画面が表示されます。テキストボックスにタグを入力し①、＜保存＞をクリックします②。

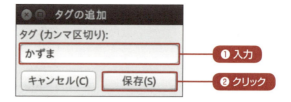

3 タグが追加された

画像ファイルのサムネイル下にタグが追加され①、ツリーにも作成したタグが追加されます②。

> **Memo**
>
> ツリーの「タグ」の下に並ぶタグをクリックすると、そのタグが設定された画像のサムネイルだけ表示されます。

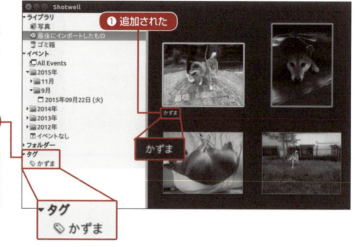

4 複数の画像にタグを追加する

タグを付けた複数の画像にさらにタグを追加します。Ctrlキーを押しながら画像をクリックして選択し①、選択した任意の画像を右クリックして②、コンテキストメニューの＜タグを追加する＞をクリックします③。

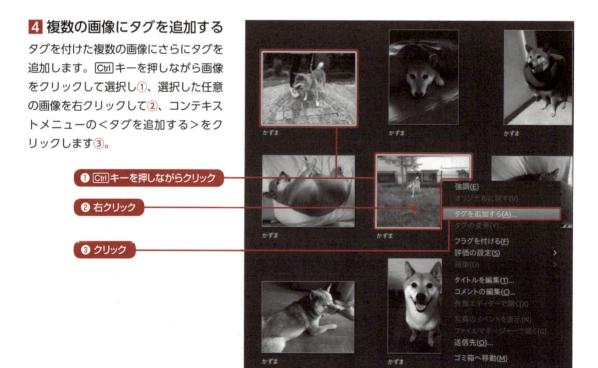

5 追加するタグ名を入力する

「タグの追加」画面が表示されます。テキストボックスにタグを入力し①、＜保存＞をクリックします②。

6 複数のタグを追加できた

手順4で選択した複数の画像にタグが追加されます①。

📖 Column

評価を追加する

　Shotwellでは画像ファイルに5段階の評価を追加できます。対象となるサムネイルを右クリックし①、＜評価の設定＞②→5段階の星の順にクリックします③。

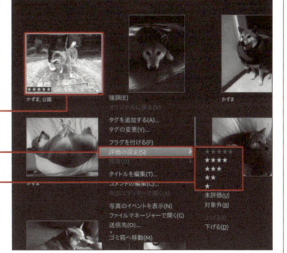

03 Shotwellで写真を送信／公開しよう

Shotwellには画像ファイルをメールで送信し、Facebookで公開する機能が備わっています。特定もしくはFacebookで設定した公開範囲の相手に送信／公開できるため、画像ファイルの整理もはかどります。なお、事前にFacebookのアカウントを取得する必要があります。

メールで画像を送信する

1 送信する画像を選択する

送信する画像を右クリックし①、コンテキストメニューの＜送信先＞をクリックします②。

Memo
Ctrlキーを押しながら画像をクリックすることで、複数の画像を選択することも可能です。

2 送信画像の設定をする

「フォーマット」のボタンをクリックし①、ドロップダウンリストから＜JPEG＞をクリックして選択します。「サイズ変更の基準」のボタンをクリックし②、ドロップダウンリストから＜幅または高さ＞をクリックして選択します。設定を終えたら＜OK＞をクリックします③。

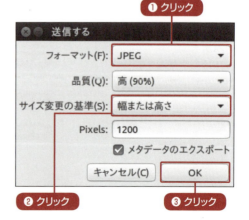

Memo
「フォーマット」は＜変更なし＞＜現在のフォーマット＞＜JPEG＞＜PNG＞＜TIFF＞から、「サイズ変更の基準」は＜オリジナルのサイズ＞＜幅または高さ＞＜幅＞＜高さ＞から選択できます。「Pixels（ピクセル）」は受信する相手の環境に合わせて設定します。

3 メールを作成して送信する

Thunderbirdのメール作成画面が起動します。画像ファイルが添付されていることを確認し①、宛先、件名と本文を入力して②、＜送信＞をクリックします③。

> **Memo**
> 事前にThunderbirdの設定が必要です。第4章の「メールを利用しよう」を参照に設定しましょう。

Facebookで公開する

1 ＜公開＞を選択する

Facebookで共有する画像をクリックして選択し①、アプリメニューにマウスポインターを移動させて、＜ファイル＞メニュー②→＜公開＞の順にクリックします③。

2 アカウントを追加する

「写真の公開」画面が表示されます。右上にあるドロップダウンリストのボタンをクリックし①、＜アカウントを追加＞をクリックします②。

3 オンラインアカウントを作成する

「オンラインアカウント」が起動します。＜Facebook＞をクリックします①。

> **Memo**
> 「オンラインアカウント」は「システム設定」から起動するUbuntuの設定項目のため、FacebookアカウントはUbuntuと紐付けられます。

4 アカウントを入力する

Facebookアカウントによるログインを求められます。メールアドレスもしくは電話番号とパスワードを入力し①、＜ログイン＞をクリックします②。画面が切り替わったら＜OK＞をクリックします③。

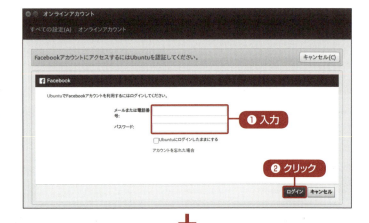

> **Memo**
> 右の画面が表示されず、次の手順5の「オンラインアカウント」画面が表示される場合があります。

5 「オンラインアカウント」を終了する

Ubuntu上でFacebookのアカウントが紐付けられます。⊗をクリックして「オンラインアカウント」を閉じます①。

6 Facebookにログインする

再び、P.111の手順1、2の操作を実行し、＜ログイン＞をクリックします①。

7 公開範囲を確認する

Facebookへのログインを求められます。＜OK＞①→＜OK＞の順にクリックします②。

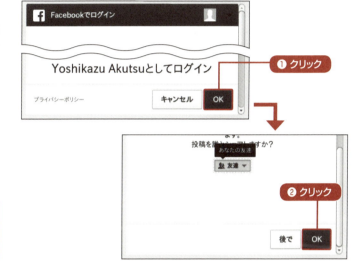

Memo

＜友だち＞をクリックして表示されるドロップダウンリストから、投稿の公開範囲を設定できます。

8 Facebookへ投稿する

公開先のアルバムの名前①とアルバムの公開範囲②を設定し、＜アップロード前に撮影場所やカメラ、その他の識別情報を削除する＞をクリックしてチェックを付けてから③、＜公開＞クリックします④。処理の完了後、＜閉じる＞をクリックします⑤。

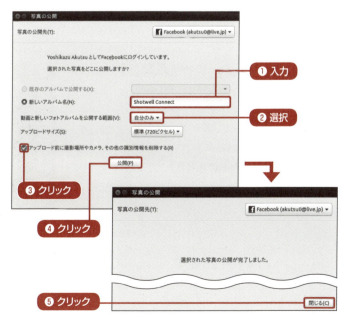

04 家庭で作ったDVD／Blu-rayのビデオを再生しよう

家庭で作ったDVDビデオやBlu-rayビデオをUbuntuで視聴するには、標準の「ビデオ（Totem動画プレイヤー）」アプリを利用する方法があります。しかし、DVDビデオのメニューを操作するなど使い勝手を考えると、「VLCメディアプレイヤー」というアプリがおすすめです。

VLCメディアプレイヤーを起動する

1 「Ubuntu Software」から実行する

P.162を参考にして「Ubuntu Software」を起動し、検索ボックスに「VLC」と入力します①。「VLCメディアプレイヤー」が表示されたら、＜インストール＞をクリックします②。

2 管理者権限の認証を行う

管理者権限の認証を求められるので、テキストボックスにパスワードを入力し①、＜認証する＞をクリックします②。

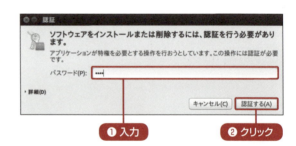

3 VLCメディアプレイヤーの起動を確認する

ランチャーに登録されたVLCメディアプレイヤーのアイコンをクリックすると①、初回は基本的な設定を求められます。＜続ける＞をクリックして②、VLCメディアプレイヤーの起動を確認したら、⊗をクリックして終了します③。

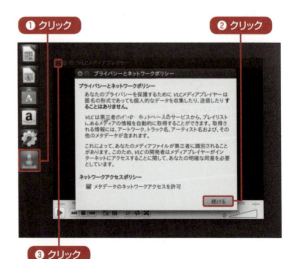

> **Memo**
>
> VLCメディアプレイヤーは再生するメディアの情報をインターネットから取得する機能を備えています。＜メタデータのネットワークアクセスを許可＞にチェックが付いている場合は、メディアファイルの再生情報が送信されます。自身の運用ポリシーに応じて取捨選択します。

DVDビデオを再生する

1 DVDビデオを挿入する

家庭で作成したDVDビデオもしくはBlu-rayビデオを光学ドライブに挿入すると、確認画面が表示されます。＜どうするか確認＞をクリックし①、ドロップダウンリストから＜VLCメディアプレイヤー＞をクリックして選択します②。

Memo

確認画面が表示されない場合はVLCメディアプレイヤーを起動し、＜再生＞ボタンをクリックします。「メディアを開く」画面が起動したら＜ディスク＞タブをクリックし、＜再生＞ボタンをクリックします（P.117参照）。

Memo

「VLCメディアプレイヤー（VLC media player）」はLinuxやWindowsなどクロスプラットフォームで動作するメディアプレイヤーです。圧縮された動画や曲を伸張するためのコーデックを内蔵しているため、多くの形式に対応しています。

2 VLCメディアプレイヤーを選択する

メニューが＜VLCメディアプレイヤー＞に変化したことを確認し①、＜OK＞をクリックします②。

Memo

＜常にこの動作を実施する＞にチェックを付けておくと、今後、この画面は表示されなくなります。

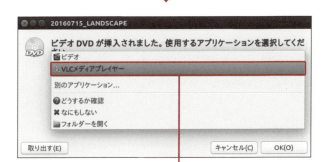

Column

市販のDVDは再生できない

市販DVDの多くはアクセスコントロール（Content Scramble System）などの暗号化を用いて私的複製を禁止しています。VLCメディアプレイヤーは、この暗号化を解除するDeCSSを含んだFFmpegプロジェクトのlibavcodecコーデックライブラリに対応していますが、市販のDVDは再生できません。なお、日本では暗号化を解除するなどして、市販のDVDビデオを私的複製することは違法行為にあたります。さらに、コーデックを追加することなどによって、VLCメディアプレイヤーで市販のDVDビデオを再生できるようにした場合も、将来的な著作権法の改正により違法となる可能性があります。

3 DVDビデオのメニューが表示された

DVDビデオへアクセスし、ビデオのメニューが表示されます①。再生ボタン(<ムービー再生>)をクリックします②。

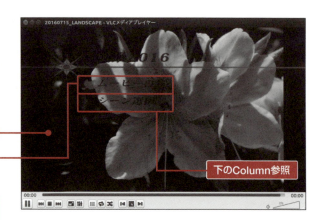

❶ 表示された
❷ クリック
下のColumn参照

> **Memo**
> DVDビデオの再生手順は作成方法によって異なります。例えば映像を1つだけ収録したDVDビデオの場合、メニューが表示されずに映像が再生されます。

4 DVDビデオの再生が始まる

DVDビデオの再生が始まります①。

❶ 再生が始まる

📖 Column

チャプターから再生する

多くのDVDビデオは複数ある動画をすばやく参照するため、チャプターと呼ばれる区切りを設けています。手順3のDVDビデオのメニューから選択(<シーン選択>)すると、目的の動画をすばやく再生できます。

チャプター

VLCメディアプレーヤーの操作方法

1 あとからVLCメディアプレイヤーを起動する

先に光学ドライブへメディアを挿入し、あとからVLCメディアプレイヤーを起動した場合は、＜再生＞ボタンをクリックします①。「メディアを開く」画面が表示されるので、＜ディスク＞タブをクリックし②、＜再生＞を③クリックします。

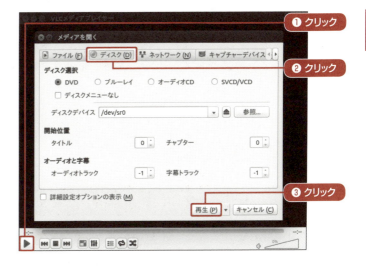

2 再生中に前／次のチャプターへ進み、再生を終了する

VLCメディアプレイヤーで再生する際は、画面下部に並ぶボタンが使えます。＜前のチャプター/タイトル＞ボタンをクリックすると直前のチャプターへ戻り①、＜次のチャプター/タイトル＞ボタンをクリックすると次のチャプターへ進みます②。＜停止＞ボタンをクリックすると③、DVDビデオの再生が停止します。DVDのメニューに戻るときは＜メニュー＞ボタンをクリックします④。

3 メディアを取り出す

ランチャーのDVDアイコンを右クリックし①、＜取り出し＞をクリックします②。光学ドライブのトレイが開くので、メディアを取り出します。

05 HandBrakeで動画ファイルの形式を変換しよう

Windows版でもおなじみの動画形式変換アプリ「HandBrake」はUbuntuでも使用可能です。さまざまな変換機能を備えるアプリですが、ここではiPhoneで撮影した動画をMPEG-4（mp4）形式に変換する手順を解説します。

HandBrakeで動画ファイルを変換する

1 HandBrakeを起動する

Dashアイコンをクリックし①、テキストボックスに「hand」と入力します②。表示される<HandBrake>をクリックします③。

Memo

P.114を参考にして、あらかじめ「Ubuntu Software」で「HandBrake」パッケージをインストールしておきます。

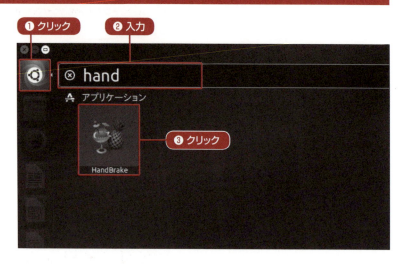

2 <Source>ボタンをクリックする

HandBrakeが起動したら、変換元の動画ファイルを選択するため、<Source>をクリックします①。

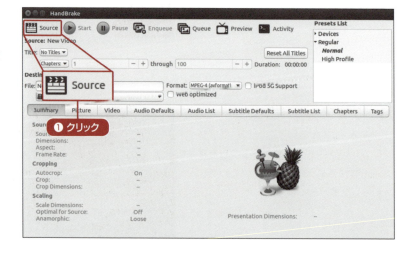

3 変換元の動画ファイルを選択する

選択画面が表示されたら、任意のフォルダーをクリックして開き①、動画ファイルをクリックして選択し②、<OK>をクリックします③。

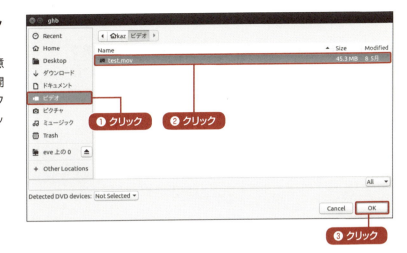

4 変換の設定をする

基本的には、初期状態のままでmp4形式に変換できます。「File」でファイル名や出力先を変更し①、<Start>をクリックします②。

📝 **Memo**

画面右上の「Presets List」からは、iPhoneやiPadといったデバイスに応じた最適な設定が選択できます。

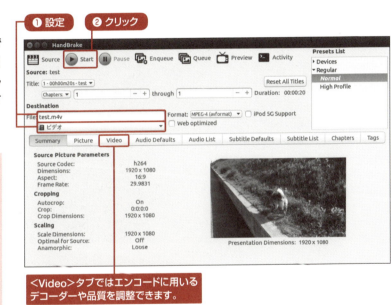

<Video>タブではエンコードに用いるデコーダーや品質を調整できます。

5 変換が完了する

今回は出力先としてビデオフォルダーを選択していたため、Nautilusで開くと、「test.m4v」というファイルが生成されたことを確認できます①。

📝 **Memo**

HandBrakeはファイルを選択し、画面上部の<Queue>をクリックして、設定画面から登録することで、複数の動画ファイルを自動的にmp4やmkv形式に変換することもできます。

06 そのほかの写真／動画アプリを試そう

Ubuntuでは多数のメディア関連アプリが使用できます。古いパソコンでUbuntuを使っている人は、軽量な「mpv」アプリなどを使うとよいでしょう。なお、アプリによってはインストールで「Ubuntuソフトウェアセンター」が必要になる場合があります。

おすすめの写真／動画アプリ

軽量なメディアプレイヤー「mpv」

「mplayer2」をベースに改良を重ねたコンパクトなメディアプレイヤーです。不要なコントロール要素を極力取り除き、メディアファイルを再生することに特化しているため、VLCメディアプレイヤーなど高機能なメディアプレイヤーと比べると、古いパソコンでも快適に動作します。

mpvを快適に利用する「GNOME MPV」

「mpv」の操作をGUIから実行したい方におすすめなのが「GNOME MPV」です。プレイリストの管理やトラックの移動、プリセットを利用したウィンドウサイズの変更などが、メニューからかんたんに実行できます。

● **500以上のファイル形式に対応する「XnView MP」**

WindowsやmacOS（OS X）、Linuxなど各プラットフォームで動作する画像ビューアーです。すべてのプラットフォームで同じUIを提供しているため、OSをまたいでも同じ感覚で操作できます。また、データベース機能や変換機能など、多彩な機能も備えています。

Memo

「XnView MP」は、公式サイト（http://xnview.com/）からDEBパッケージをダウンロードし、「Ubuntuソフトウェア」からインストールします。「libgstreamer-plugins-base0.10-0」パッケージのインストールも必要です。

● **DVDビデオも作れる「Brasero」**

CD／DVD書き込みアプリの1つですが、通常のデータCDの作成に加えて、CD／DVDのコピーや音楽CD、DVD／SVCD（CDにMPEG-2の映像・音声データを収録する規格）も作成できます。ちなみに、アプリ名はスペイン語圏で用いられる火鉢に似た暖房器具が由来です。

● **動画編集を可能似する「PiTiVi」**

Ubuntuの標準の動画編集アプリとして搭載されているのが「PiTiVi」です。マウス操作だけでかんたんなカット編集と動画結合が行えるため、スマートフォンなどで撮影した動画を気軽に編集できます。編集結果はMP4形式ファイルなどで出力可能です。

Column

Ubuntuソフトウェアセンターをインストールする

　Ubuntu 16.04 LTSはパッケージの管理を「Ubuntu Software」に変更しています。その弊害として、これまでのバージョンで使っていた「Ubuntuソフトウェアセンター」を使わないとインストールできないパッケージが増えました。そのため、Ubuntu 16.04 LTSでもUbuntuソフトウェアセンターをインストールすることを強くおすすめします。

1 Ubuntuソフトウェアセンターをインストールする

「Ubuntu Software」を起動し（P.162参照）、検索ボックスに「Ubuntu Software Center」と入力します①。同名のパッケージが表示されたら、＜インストール＞をクリックします②。

Memo

「Lubuntuソフトウェアセンター」という、よく似た名前のアプリが表示されるので、間違えないよう注意しましょう。

2 Ubuntuソフトウェアセンターを起動する

ランチャーに登録されたUbuntuソフトウェアセンターのアイコンをクリックすると①、アプリが起動します②。

3 パッケージをインストールする

検索ボックスにアプリ名などを入力し①、該当するパッケージが表示されたら、＜インストール＞をクリックします②。情報を確認する場合は＜詳細情報＞クリックします③。

4 パッケージを削除する

インストール済みパッケージを削除するには、＜インストール済み＞をクリックし①、検索ボックスにパッケージ名を入力します②。検索結果に表示されたパッケージをクリックして選択し③、＜削除＞をクリックします④。

第 7 章

音楽を楽しもう

01　Rhythmboxで曲を再生しよう
02　タブレットやスマートフォンに曲を転送しよう
03　インターネットで曲を購入しよう
04　Rhythmboxのプラグインを導入しよう
05　そのほかの音楽再生アプリを試そう

01 Rhythmboxで曲を再生しよう

Linuxには多くの音楽ファイルを再生/管理するアプリが公開されていますが、Ubuntuは標準アプリとして「Rhythmbox（リズムボックス）」を採用しています。曲の再生はもちろん、好みの曲をまとめたプレイリストやオリジナル音楽CDの作成が可能です。

コンポーネントをインストールする

1 MP3ファイルを開く

ほかのパソコンなどで作成したMP3形式ファイルをUbuntuパソコンにコピーし、右クリック①→＜別のアプリで開く＞②→＜Rhythmbox＞の順でクリックします③。

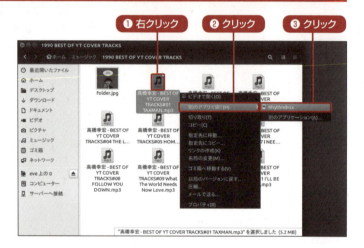

2 パッケージをインストールする

「ビデオ」アプリが起動し、パッケージのインストールをうながされます。各項目をクリックしてチェックを付け①、＜インストール＞をクリックします②。

> **Memo**
> 既定の音楽再生アプリであるRhythmboxで使用できる音楽ファイルの形式は、Ogg／FLAC／MPEG 4 Audioに限られるため、ここではMP3を再生できるようにプラグインパッケージを導入します。なお、ここで手順2の画面が表示されず、MP3ファイルがすぐに再生できた場合は、P.125の「Rhythmboxで音楽を再生する」に進みます。

3 確認に応答する

続いて、パッケージのインストールについて確認を求められるので、＜続行＞をクリックします①。

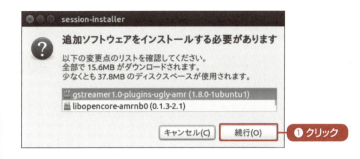

> **Memo**
> 管理者権限の認証を求められるので、テキストボックスにパスワードを入力し、＜認証する＞をクリックします。

4 「ビデオ」を終了する

アプリメニューにマウスポインターを移動させて、Ⓧをクリックして①、「ビデオ」アプリを終了します。

Rhythmboxで音楽を再生する

1 Rhythmboxを起動する

Dashアイコンをクリックし①、テキストボックスに「music」と入力して②、表示された＜Rhythmミュージックプレイヤー＞をクリックします③。

2 曲を再生する

自動的に、ライブラリにある音楽ファイルを認識します。曲をダブルクリックすると①、再生が始まります。また、音楽ファイルにアルバムのアートワークが埋め込まれている場合、画像が表示されます②。

> **Memo**
> 既定のライブラリは「ミュージック」フォルダーなので、「ミュージック」フォルダーにある音楽ファイルが読み込まれます。なお、再生は、＜再生／一時停止＞ボタンをクリックするか、Ctrl＋Pキーを押しても可能です。

プレイリストを作成する

1 メニューから送る

登録する曲を右クリックし①、＜プレイリストに追加する＞にマウスポインターを合わせて②、＜新しいプレイリストに追加する＞をクリックします③。

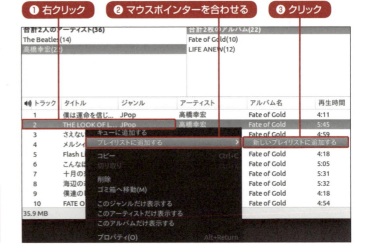

Memo

プレイリストは好きな曲を集めたリストです。プレイリストを作成しても、ライブラリ内の曲はそのまま残ります。

2 プレイリスト名を追加する

新しいプレイリストが作成されるので、プレイリスト名を入力し①、Enterキーを押します②。曲をダブルクリックすると再生できます③。

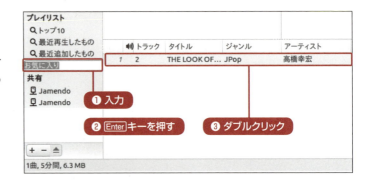

プレイリストを編集する

1 プレイリストに曲を追加する

アルバムの曲を右クリックし①、＜プレイリストに追加する＞にマウスポインターを合わせて②、＜お気に入り＞をクリックします③。

Memo

＜新しいプレイリストに追加する＞をクリックすると、新たなプレイリストを作成できます。また、Ctrlキーを押しながら複数の曲を選択して右クリックすれば、まとめてプレイリストに曲を追加できます。

2 プレイリストを開く

手順1で選択したプレイリストをクリックすると①、プレイリストの末尾に曲が追加されたことを確認できます②。

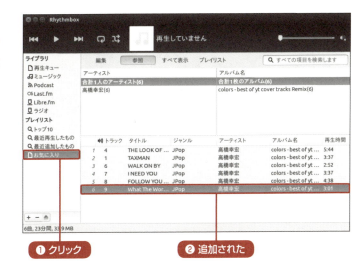

❶ クリック
❷ 追加された

3 曲の順番を入れ替える

対象の曲を目的の位置までドラッグ＆ドロップします①。これで順番が変更されます②。

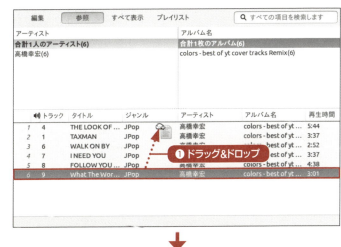

❶ ドラッグ&ドロップ

❷ 順番が変更された

Memo

プレイリストに追加した楽曲を削除するには、曲を右クリックし、＜プレイリストから削除する＞をクリックします。曲をプレイリストから削除しても、ライブラリには残ります。

02 タブレットやスマートフォンに曲を転送しよう

パソコンからタブレットやスマートフォンに曲を転送してみましょう。WindowsではiTunesなどを使用しますが、UbuntuではRhythmboxから転送できます。ただし、Ubuntuが認識しないデバイスは使用できません。ここではWindows 10 Mobileデバイスを使用します。

スマートフォンに曲を転送する

1 パソコンにデバイスを接続する

パソコンのUSBポートとスマートフォンをUSBケーブルで接続すると、ランチャーにアイコンが表示されて①、Nautilusが起動します②。

> **Memo**
> デバイスによっては、Ubuntuで認識しない場合もあります。たとえば、筆者の環境ではiPodやWindows 10デバイスは正しく認識しますが、iPhoneはデジタルカメラとして認識されます。また、Amazon Kindle Fireは認識しません。

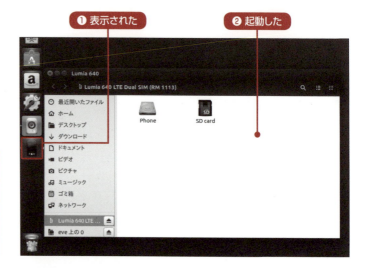

2 Rhythmboxを起動する

Rhythmboxを起動すると左ペインに「デバイス」が加わり①、接続したデバイス名が表示されます②。この時点では、まだデバイス上に音楽ファイルはありません。

> **Memo**
> Ubuntu上でデバイスを認識するのに、Rhythmboxのリストに表示されない場合は、左下の田→＜新しいデバイスを確認する＞の順にクリックします。

3 音楽ファイルを ドラッグ&ドロップする

転送する曲もしくはアルバムをデバイス名にドラッグ&ドロップします①。

4 音楽ファイルの 転送が始まる

音楽ファイルの転送が始まります。プログレスバーで進捗状況を確認できます①。

5 スマートフォンで 音楽を聴く

スマートフォンの音楽アプリを起動すると、転送した曲が表示されます①。

Memo

今回はWindows 10 Mobileデバイスのため、「Grooveミュージック」アプリを使用しています。

03 インターネットで曲を購入しよう

パソコンやデジタル機器で曲を聴く場合、以前は音楽CDをデータ化するのが普通でしたが、近年は最初からデータ化された曲をインターネットで購入するのが一般的になりました。ここでは、Amazon.co.jpのデジタルミュージックをダウンロード購入する手順を解説します。

曲をダウンロード購入する

1 好みの曲を購入する

FirefoxでAmazon.co.jpにアクセスし（https://www.amazon.co.jp/）、「デジタルミュージック」のカテゴリに進んで、好みの曲を見つけたらカートボタンをクリックします①。MP3カートにマウスポインターを移動させると②、ポップアップウィンドウが表示されるので、<レジに進む>をクリックします③。

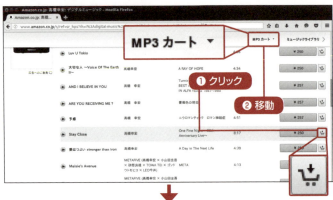

> **Memo**
> 音楽ファイルはMP3形式のため、P.124の「Rhythmboxで曲を再生しよう」で解説したコンポーネントのインストールが必要になる場合があります。

2 注文を確定する

次のページに移動し、注文の確定を求められるので、<注文を確定する>をクリックします①。

3 Amazonアカウントにサインインする

Amazonアカウントのサインイン画面が表示されたら、登録したメールアドレスとパスワードを入力して①、＜サインイン＞をクリックします②。

Memo

Amazonアカウントでサインイン済みの場合は、手順 3 の画面は表示されません。ここで＜Amazonアカウントを作成＞をクリックすると、Amazonアカウントを新規作成するページに進みます。

4 ファイルをダウンロードする

購入が確定するとダウンロード画面が表示されるので、＜ファイルを保存する＞①→＜OK＞の順にクリックします②。

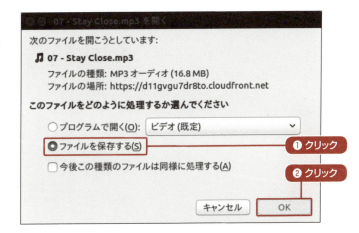

5 ファイルを移動する

Nautilusを起動し、＜ダウンロード＞をクリックすると①、ダウンロードした曲のファイルが確認できます②。このファイルを＜ミュージック＞にドラッグ&ドロップします③。

Memo

手順 5 の後にRhythmboxを起動すると、購入した曲が認識されて、再生できるようになります。

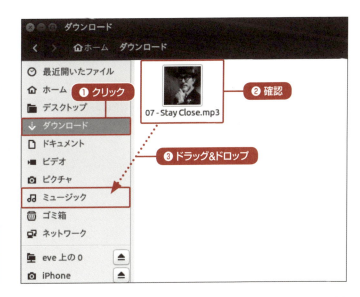

04 Rhythmboxのプラグインを導入しよう

Rhythmboxにプラグインと呼ばれる拡張機能をインストールすると、音質の調整、曲のランダムな再生など、さまざまカスタマイズが可能になります。なお、プラグインは「Ubuntu Software」ではインストールできないため、「端末」からパッケージをインストールします。

プラグインを追加する

1 「ソフトウェアとアップデート」から設定する

「システム設定」を起動し、<ソフトウェアとアップデート>をクリックします①。「ソフトウェアとアップデート」画面で<他のソフトウェア>タブ②→<追加>の順にクリックします③。

Memo

ここでの操作は、利用しているハードウェア要件によってはUbuntuのシステムが不安定になる可能性があります。その場合は操作を中止してください。

2 リポジトリを追加する

テキストボックスに「ppa:fossfreedom/rhythmbox-plugins」と入力し①、<ソースを追加>をクリックします②。管理者権限の認証を求められるので、テキストボックスにパスワードを入力し、<認証する>をクリックします。完了後、手順1の「ソフトウェアとアップデート」画面に戻って⊗<閉じる>ボタンをクリックします。

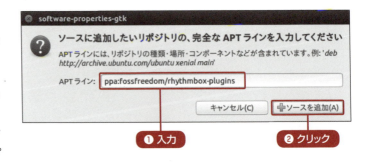

3 パッケージ情報を更新する

パッケージ情報の更新をうながされた場合は、＜再読込＞をクリックします①。

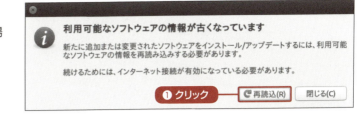

4 端末からパッケージを追加する

Ctrl＋Alt＋Tキーを押して「端末」を起動し、「sudo apt-get install rhythmbox-plugin-* -y」と入力して①、Enterキーを押します②。端末内で管理者権限の認証を求められるので、パスワードを入力してEnterキーを押します。パッケージのインストールが完了したら、⊗＜閉じる＞ボタンをクリックして「端末」を終了します③。

> **Memo**
> 「apt-get」はパッケージを管理するコマンドです。ここでは複数のパッケージをまとめてインストールするため、ワイルドカード（*）を使用しています。

プラグインを起動する

1 プラグインを選択する

Rhythmboxを起動し、アプリメニューにマウスポインターを移動させて、＜ツール＞メニュー①→＜プラグイン＞の順にクリックします②。

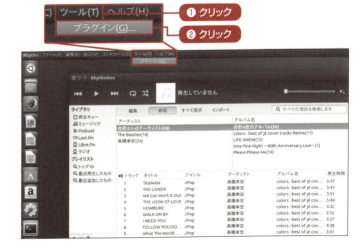

2 プラグインを有効にする

「プラグインの設定」画面が起動したら、一覧から＜Equalizer＞をクリックしてチェックを付け①、＜閉じる＞をクリックします②。

Memo

一覧に該当する項目がない場合は、P.202の「Ubuntuをアップデートしよう」を実行してから、再度前ページからの「パッケージを追加する」を実行し、パソコンを再起動します。ここで＜ソフトウェアの更新＞ボタンが表示されない場合は、Ctrl＋Alt＋Tキーを押して「端末」を起動し、「sudo apt-get upgrade -f -y」と入力して、Enterキーを押します。再度前ページからの「パッケージを追加する」を実行して、パソコンを再起動します。

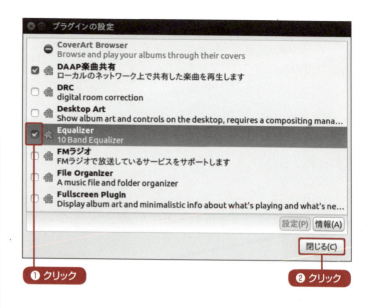

3 プラグインを起動する

アプリメニューにマウスポインターを移動させて、＜ツール＞メニュー①→＜Equalizer＞の順にクリックします②。

4 「Equalizer」が起動した

「Equalizer Preferences」が起動し、周波数特性を調節するイコライザーが表示されます①。

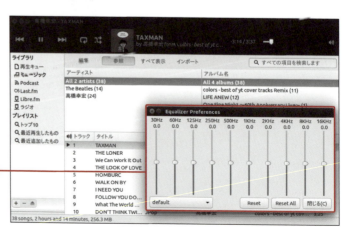

そのほかのプラグインを確認する

1 アルバムアートワークを追加する「視覚効果」

P.133手順1～P.134手順2の操作で＜視覚効果＞を有効にすると、曲にアートワークのデータが含まれる場合、Rhythmboxの画面左下に表示されます①。

❶ 表示された

2 通知領域からRhythmboxを操作する「Try Icon」

同様の操作で＜Try Icon＞を有効にすると、通知領域の🔊スピーカーアイコンをクリックして①表示されるウィンドウに、Rhythmboxのコントローラーが表示されます②。

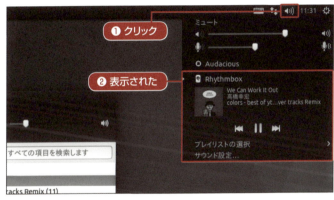

❶ クリック
❷ 表示された

3 自動で再生キューを作る「Countdown Playlist」

同様の操作で＜Countdown Playlist＞を有効にして、＜ツール＞メニュー→＜Countdown Playlist＞の順でクリックします。表示されるテキストボックスにキーワード①と再生時間②を入力して、＜OK＞をクリックすると③、指定した時間内に収まる曲が「再生キュー」に追加されます④。

Memo

「再生キュー」は簡易的なプレイリストです。再生キューに登録した曲の再生を終えると、リストから削除されます。

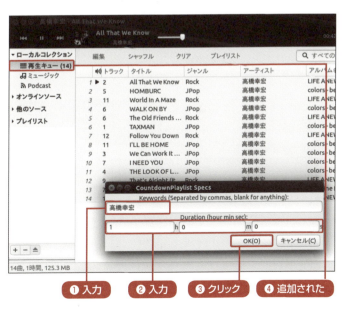

❶ 入力　❷ 入力　❸ クリック　❹ 追加された

05 そのほかの音楽再生アプリを試そう

UbuntuではRhythmbox以外にも多数の音楽再生アプリが使用できます。古いパソコンでは軽いアプリを、スペックに余裕がある場合は高機能なアプリを選択しましょう。なお、インストールで「Ubuntuソフトウェアセンター」が必要になるアプリもあります。

Rhythmbox以外のおすすめ音楽再生アプリ

シンプルさが魅力の「Audacious」

Audacious（オーダシャス）は読み込んだ曲を1つのプレイリストとして管理し、タブでプレイリストを切り替える軽量な音楽再生アプリです。ディレクトリで曲を管理する人におすすめです。

多機能なライブラリ型アプリ「Clementine」

Clementine（クレモンティーヌ）はRhythmboxと同じライブラリ型の音楽再生アプリです。登録したライブラリから曲をプレイリストに追加し、再生します。DropboxやOneDriveなどのオンラインストレージも追加できます。

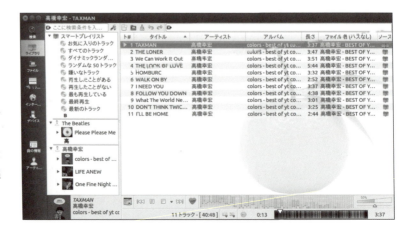

● 軽量なライブラリ型アプリ「Banshee」

「Banshee（バンシー）」はライブラリ型の音楽再生アプリですが、比較的軽量に動作します。また、Amazon MP3 Storeや、インターネットラジオを応用したSNSとして知られるLast.fmなどと連携する機能を備えた多機能性も魅力的です。

● Amazonと連携する軽量アプリ「Amarok」

Amarok（アマロック）はAmazonからのアルバムアートワーク取得や歌詞の自動表示、Wikipediaによる情報表示など、多機能を誇る音楽再生アプリです。ディレクトリで曲を管理する人におすすめです。

📝 Memo

本アプリは「Ubuntuソフトウェアセンター」からインストールします。

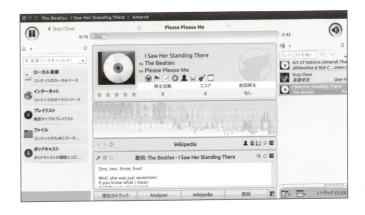

● 軽量と多機能性を実現する「Sayonara」

Sayonara（さよなら）はライブラリ型ながらも、非常に軽量に動作する音楽再生アプリです。ライブラリ以外にも、ディレクトリ表示や音声ファイル共有サービス「SoundCloud」もサポートしています。

📝 Memo

本アプリはリポジトリとして「ppa:lucioc/sayonara」の追加、および「端末」から「sudo apt-get install sayonara」の操作が必要です。

> **Column**

マルチメディア編集環境に特化した「Ubuntu Studio」

　Ubuntuで曲を本格的に楽しみたい方は「Ubuntu Studio」の導入を検討しましょう。Ubuntu StudioはUbuntuから派生したLinuxディストリビューションで、音楽や映像、画像といったマルチメディア編集に特化し、関連アプリが多数インストールされています。また、Ubuntu 16.04 LTSと異なり、レイテンシ（実行遅延）を低減するために割り込み発生回数を毎秒1,000回に増やす設定をカーネルに施し、アプリが必要とするリアルタイム処理を実現しました。そのため、Windowsでいうところの高品質オーディオドライバー「ASIO」のように、優れた音楽再生環境を得ることができます。

　Ubuntu Studioは、Ubuntu 16.04 LTSから関連パッケージをインストールすることも可能です。ただし、時間を要するので、Ubuntu Studioの公式サイトからISOイメージをダウンロードし、光学メディアから起動するライブモードで試すことをおすすめします。

● Ubuntu Studioの公式サイト：https://ubuntustudio.org/

「Ubuntu Studio Meta Installer」パッケージを起動した状態。ここから各項目をクリックしてチェックを付け①、＜OK＞をクリックするとインストールできます②。インストールの完了後、パソコン内のUbuntu 16.04 LTSはUbuntu Studio 16.04に変更されます。

新規インストールした「Ubuntu Studio 16.04」の画面。数多くのマルチメディア系アプリが標準でインストールされています。

第 **8** 章

無料のOfficeを使ってみよう

01　LibreOfficeってどんなソフト？
02　ワープロで文書を作成しよう【Writer】
03　表計算ソフトで表を作成しよう【Calc】
04　プレゼンテーションの資料を作成しよう【Impress】

01 LibreOfficeってどんなソフト？

「LibreOffice（リブレオフィス）」は「OpenOffice.org（オープンオフィス・オルグ）」から派生したオープンソースのオフィススイートです。Microsoft Officeと同じく、ワープロ（ワードプロセッサー）や表計算ソフト、プレゼンテーションソフトなどを取り揃えています。

LibreOfficeを構成するアプリ群

● Word互換の「Writer」

Ubuntu上で報告書などの書類作成に威力を発揮するのが「Writer（ライター）」です。Wordと同じく図表を貼り付けることができ、目次や索引などを含む書類の作成も可能です。

Memo

OpenOffice.orgは、Sun MicrosystemsやNovelなどの企業が参加して立ち上げたOpenOffice.org Projectによって開発されました。しかし、OracleによるSun Microsystemsの買収に伴い、プロジェクトメンバーの一部が立ち上げたThe Document FoundationでLibreOfficeが生まれました。

● Excel互換の「Calc」

数字を扱うユーザーにとって欠かせないのが、表計算ソフト（スプレッドシート）の「Calc（カルク）」です。本書では詳しく説明していませんが、ワークシートの共有による共同作業なども可能です。

Memo

「LibreOffice Extensions」を使うことでLibreOfficeを拡張できます（http://extensions.libreoffice.org/）。すべて英語ベースのため、日本語では不具合が生じることもありますが、Excelの「非表示のセルを除いた、表示中のセルのみをコピーする」といった機能を実現する拡張機能も用意されています。

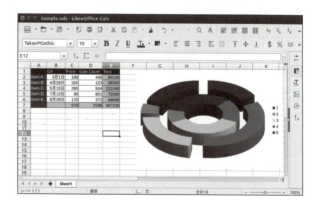

● PowerPoint互換の「Impress」

プレゼンテーション用スライドの作成に役立つのが「Impress（インプレス）」です。PowerPointと同じく編集モードと表示モードを並列に使用し、実際のプレゼンテーション時に必要になるノートの作成も可能です。

● VISIO風の「Draw」

かんたんなスケッチから、複雑な図面まで作成できる作画ツールが「Draw（ドロー）」です。Microsoft VISIOだけでなく、Microsoft Publisherにも通じる部分があります。

📝 Memo

ここで紹介する以外にも、数式エディター「Math（マス）」やグラフ作成モジュール「Charts（チャート）」などでLibreOfficeは構成されています。

● Accessに相当する「Base」

データベースに接続し、データ管理を行うアプリが「Base（ベース）」です。MySQLやPostgreSQL、OracleJDBC、ODBCなど多くのデータベースドライバーが用意され、企業内のデータベースにもアクセスできます。

📝 Memo

Baseを使用するには「Ubuntu Software」から「LibreOffice」で検索し、別途インストールする必要があります。

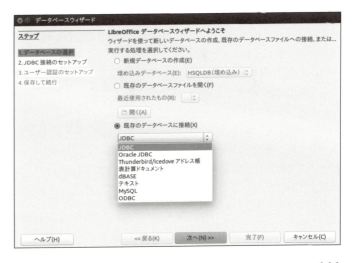

02 ワープロで文書を作成しよう【Writer】

> Microsoft Wordに相当する「Writer」は、さまざまな機能を備えたワープロソフトです。かんたんなメモ書き、チラシ、会社の書類、目次と索引を備えた書籍など、幅広い文書を作成できます。また、Wordの文書ファイルの読み込み、Wordの文書形式での保存も可能です。

Writerを使用する

1 Writerを起動する

ランチャーに並ぶアイコンをクリックすると①、「Writer」が起動します②。

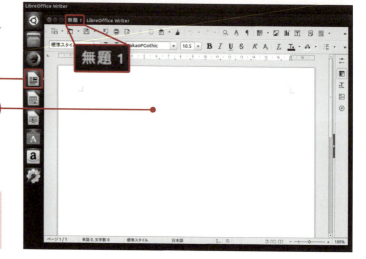

❶ クリック
❷ 起動した

Memo
Writerを起動すると、「無題1」というタイトルのODF文書ドキュメントファイルを開いた状態になります。

2 文章を作成する

Microsoft Wordと同じ操作で文書を作成できます。文字列を選択して、をクリックすると①太字になります②。同様に、＜フォントサイズ＞の▼をクリックして③ドロップダウンリストから選択すると、文字のサイズを変更できます④。画像ファイルはドラッグ＆ドロップで挿入できます⑤。

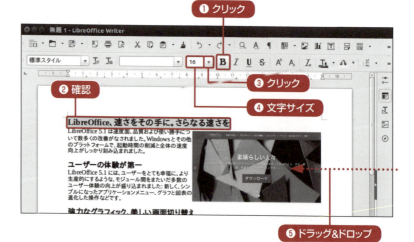

❶ クリック
❷ 確認
❸ クリック
❹ 文字サイズ
❺ ドラッグ＆ドロップ

3 文章を保存する

📄をクリックし①、「保存」画面で<ドキュメント>をクリックします②。ファイル名(ここでは「書類サンプル」)を入力して③、<保存>をクリックします④。

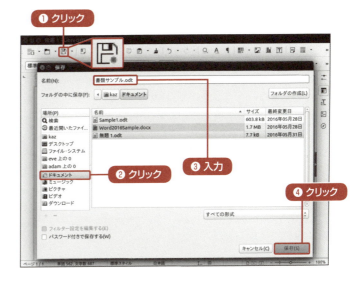

4 ファイルとして保存された

タイトルバーの「無題1」が「書類サンプル.odt」に変更され①、ODF文書ドキュメントファイルとして保存されます。Ctrl+Wキーを押すと、開いている文書が閉じます②。

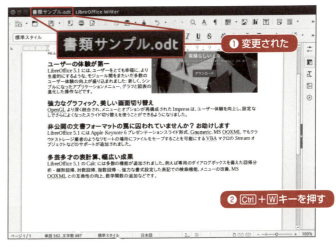

5 保存ファイルを開く

文書を閉じるとサムネイルが表示されます。サムネイルをクリックすると①、その文書が開きます。画面左側の項目をクリックすると②、CalcやImpressの新規ファイルを開くこともできます。

📝 Memo

手順3の操作をスキップしてCtrl+Wキーを押すか、<ファイル>メニュー→<閉じる>の順にクリックすると、ファイルの保存をうながされます。

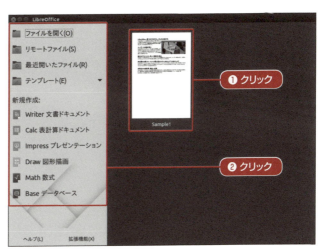

143

Word文書ファイルを開く

1 ファイルを選択する

ここでは前ページの続きから解説しています。＜ファイルを開く＞をクリックし①、あらかじめ用意したWord文書ファイルをクリックで選択して②、＜開く＞をクリックします③。

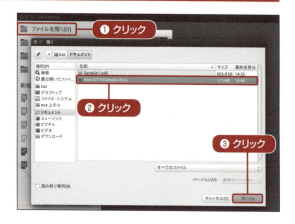

Memo

ここではWord 2016のテンプレートを使用して作成したWord文書ファイルを使用しています。

2 Word文書ファイルが開いた

Word文書が開きます。WriterでWordの文書を開くことはできますが、互換性は完全ではないため、レイアウトが乱れる場合があります。必要に応じて編集しましょう。

3 保存の形式を選択する

保存を実行すると、レイアウトを維持できない旨を示すメッセージが表示されます。ODF文書ドキュメント形式を選択する場合は＜ODF形式を使用＞を、Word XMLドキュメント形式を使用する場合は＜Microsoft Word 2007-2013 XML形式を使用＞をクリックします①。

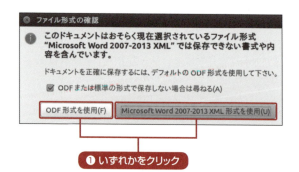

Memo

Writerは「Word 2003 XML」形式と「Word 2007-2013 XML」形式をサポートしています。前者はWord 2003まで、後者はWord 2007以降でサポートするXML形式です。

テンプレートを利用する

1 テンプレートを開く

「Writer」を起動します。📄の横にある
▼をクリックし①、＜テンプレート＞を
クリックします②。

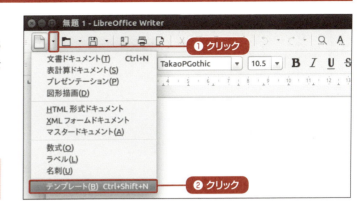

> **Memo**
> テンプレートは、Ctrl+Shift+Nキーを
> 押しても開くことができます。

2 テンプレートを参照する

ここでは＜個人用通信文とドキュメン
ト＞をダブルクリックし①、次に表示さ
れる画面で＜CV＞をダブルクリックし
ます②。

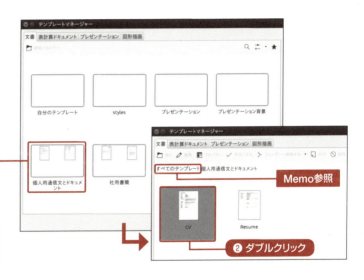

> **Memo**
> もとのトップ画面に戻るには、＜すべて
> のテンプレート＞をクリックします。

3 テンプレートが開いた

テンプレートが開きました。必要に応じ
て、書き換えて使用します①。

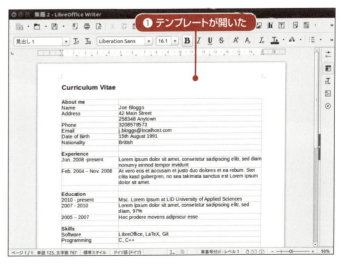

> **Memo**
> 自分で作成した文章をテンプレートとして
> 保存できます。P.143 手順3の「保存」
> 画面で、＜すべての形式＞をクリックす
> ると表示されるドロップダウンリストから
> ＜ODF文書ドキュメントテンプレート＞
> を選択します。

145

03 表計算ソフトで表を作成しよう【Calc】

Microsoft Excelに相当する「Calc」は、一般的な表計算アプリと同じく、セルに数字や数式を入力し、数値データを表やグラフで表示できます。また、Excelと同じく関数を使用して複雑な計算を行うなど、家計簿から会社の売り上げデータ管理まで、あらゆる場面で活用できます。

セルに文字や数字を入力する

1 Calcを起動する

ランチャーに並ぶアイコンをクリックすると❶、「Calc」が起動します❷。

❶ クリック
❷ 起動した

> **Memo**
> Calcを起動すると、「無題1」というタイトルのODF計算ドキュメントファイルを開いた状態になります。

2 セルに文字を入力する

セルをクリックして、キーボードから文字を入力します❶。入力後、Enterキーを押します❷。

❶ 入力
❷ Enterキーを押す

> **Memo**
> セルに入力した内容を削除するには、セルをクリックで選択してDeleteキーを押します。

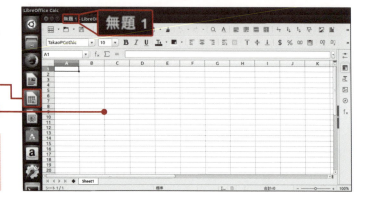

3 セルへの入力が完了した

セルへの文字入力が確定され①、アクティブセルが1つ下に移動します②。

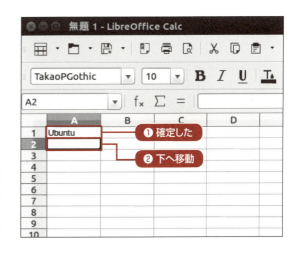

Memo

セルをクリックして選択すると、太線で囲まれます。この状態のセルを「アクティブセル」と呼びます。アクティブセルに文字を入力して Tab キーを押すと、アクティブセルは1つ右に移動します。

4 セルの内容を修正する

セルの内容を修正するには、セルをダブルクリックします①。カーソルが表示されたら②、不要な文字を削除したり、文字を追加したりします。

Memo

Calcのファイルを保存する手順はWriterと同じです。詳細はP.143 手順 3〜4 を参照してください。

セルに日付を入力する

1 日付を入力する

Calcは日付の入力も可能です。任意のセルをクリックし①、ここでは「7/1」と入力して②、Enter キーを押します③。

Memo

入力する数値は半角、全角どちらでも構いません。ただし、「1/2」「1/3」など分子より分母が大きい場合は分数として入力されます。その際は「1月2日」と入力してください。

2 日付に置き換わった

セルの内容が「7月1日」に変更されます①。クリックしてセルを選択すると②、数式入力ボックスには「2016/07/01」と表示されることが確認できます③。

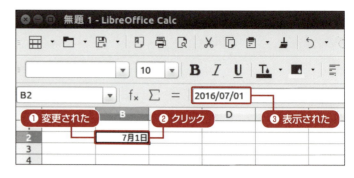

3 表示形式を変更する

日付の表示方法を変更するには、対象となるセルを右クリックし①、コンテキストメニューの＜セルの書式設定＞をクリックします②。

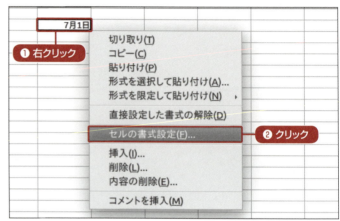

4 表示形式を選択する

「セルの書式設定」画面の「形式」セクションで任意の項目をクリックし①、表示サンプルを確認して②、＜OK＞をクリックします③。

📖 Column

直接表示形式を変更する

手順4の画面にある「書式コード」のテキストボックスで、表示形式を直接変更することもできます。日付の場合は「YY」なら2桁の西暦、「YYYY」では4桁の西暦となります。「M」は月を表しますが「MM」とすると1桁の月は前方に「0」を追加します。Dは日付を表します。

セルの書式を設定する

1 セルの書式設定を変更する

書式を変更する列(ここでは<A>)をクリックして選択し①、そのまま右クリックします②。コンテキストメニューの<セルの書式設定>をクリックします③。

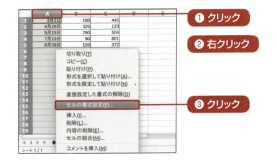

> 📝 Memo
> ここでは事前に入力した表をもとに手順を説明します。

2 日付けの表記を変更する

<数値>タブ①→<日付け>②の順にクリックし、「形式」から好みの表示形式をクリックで選択したら③、<OK>をクリックします④。

3 西暦が表示された

先ほどまで月日のみだった日付けに、西暦が追加されます①。

> 📝 Memo
> 「書式コード」に直接記述して表示形式を変更することもできます。「YYYY」は4桁の西暦、「MM」は2桁の月、「YY」は2桁の日となります。また月日は「M」「Y」で1桁表示になります。

4 そのほかのおすすめ設定

<背景>タブ①は、セルの背景に配色する背景色を選択できます②。<枠線>タブ③は、セルの罫線の太さや色を指定することができます④。

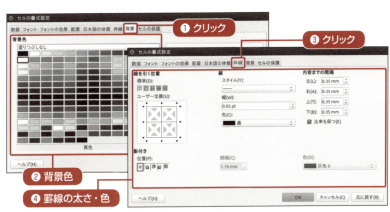

04 プレゼンテーションの資料を作成しよう【Impress】

資料の発表などで使用するプレゼンテーションデータは、Microsoft PowerPointだけでなく、「Impress」でも作成できます。作成したスライドはプロジェクターによる出力やPDF形式による保存も可能です。もちろん、PowerPointで作成したファイルの読み込みや出力にも対応しています。

プレゼンテーションデータを作成する

1 Impressを起動する

ランチャーに並ぶアイコンをクリックすると①、「Impress」が起動します②。

Memo
Impressを起動すると、「無題1」というタイトルのODFプレゼンテーションファイルを開いた状態になります。

❶ クリック
❷ 起動した

2 レイアウトを選択する

「レイアウト」から好みのスライドをクリックし①、作成するスライドのスタイルを選択します②。

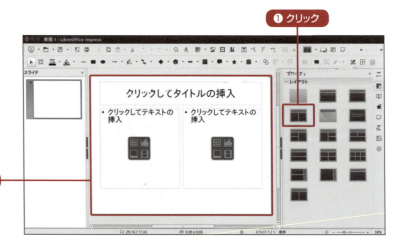

❶ クリック
❷ スタイルが選択された

3 スライドにタイトルや説明を追加する

スライド内の要素をクリックし、タイトルや説明文などを入力し、編集します①。

Memo
画面が狭い場合、ツールバーの右のほうのボタンが隠れて、右端に >> が表示されます。これをクリックするとコンテキストメニューが表示されて、隠れたボタンの機能を選択できます。なお、このしくみはWriterやCalcでも同様です。

4 マスターページのデザインを選択する

サイドバーの<マスターページ>をクリックし①、「使用可能」から好みのデザインをクリックして選択すると②、スライドの配置や配色が切り替わります③。

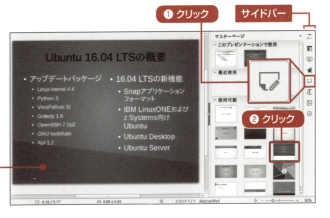

5 画像を挿入する

Nautilusから画像ファイルをドラッグ&ドロップし①、画像の外枠8点の青いボタンにマウスポインターを重ね、ドラッグでサイズを調整します②。

Memo
新しいスライドを追加するには、左側の「スライド」で1つのスライドを右クリックし、コンテキストメニューの<新しいスライド>をクリックします。または、ツールバーの右の方にある<新しいページ/スライド>をクリックすることでも、選択中のスライドの後ろに新しいスライドを追加できます。

Memo
画像を選択して、サイドバーの「プロパティ」を下方向にスクロールさせると表示される「位置およびサイズ」では、サイズや位置を数値で調整できます。

スライドの内容を確認する

1 スライドを再生する

作成したスライドを確認するには、ツールバーの<先頭のスライドから開始>をクリックします①。

> **Memo**
> スライドの再生は、アプリメニューの<スライドショー>メニュー→<先頭のスライドから開始>の順にクリックするか、F5キーを押しても実行できます。

2 スライド再生が開始した

スライドの再生が始まります①。スペースキーを押すと次のページへ、Backspaceキーを押すと前のページに移動します。終了時はEscキーを押します。

> **Memo**
> スライドはマウスのクリックでも進みます。また、右クリックして表示されるコンテキストメニューから、<次へ><前へ><スライドショーの終了>などの動作を選択することもできます。

3 スライド切り替え効果を加える

実際にスライドを確認して、画面の切り替え時に効果を加えたい場合は、サイドバーの<画面切り替え>をクリックします①。好みの効果をクリックして選択すると②、すぐに効果のアニメーションが再生されます③。

> **Memo**
> Impressのファイルを保存する手順はWriterと同じです。詳細はP.143 手順3～4を参照してください。

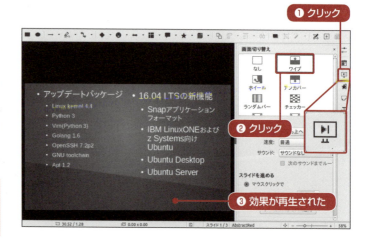

第 9 章

周辺機器を利用しよう

01 外付けハードディスクを使ってみよう
02 無線LANを使えるようにしよう
03 プリンターで印刷できるようにしよう

01 外付けハードディスクを使ってみよう

> Ubuntuをインストールしたパソコンのハードディスク／SSDの容量が不足したら、USB接続の外付けハードディスクを利用しましょう。ハードディスクはユーザーがデバイスドライバーをインストールする必要はなく、パソコンに接続すればすぐに利用できます。

外付けハードディスクにファイルをコピーする

1 外付けハードディスクを接続する

パソコンのUSBポートに外付けハードディスクを接続すると、自動的にウィンドウが開き①、外付けハードディスク内のファイルやフォルダーが表示されます。ウィンドウが開かない場合は、ランチャーに表示されたドライブアイコンをクリックします②。

Memo

Windowsで使用していた外付けハードディスクは、Nautilus上でそのボリュームラベル（名前）が表示されます。

2 ドラッグ＆ドロップでコピーする

ドラッグ＆ドロップでコピーするには、対象となるファイルやフォルダーを選択し①、外付けハードディスクへドラッグ＆ドロップします②。

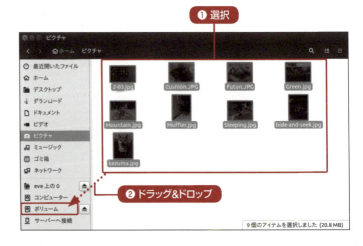

3 メニューからコピーする

メニューからコピーするには、ファイルやフォルダーを選択した状態で右クリックし①、＜指定先にコピー＞をクリックします②。続いて開くウィンドウで外付けハードディスクをクリックで選択し③、＜選択＞をクリックします④。

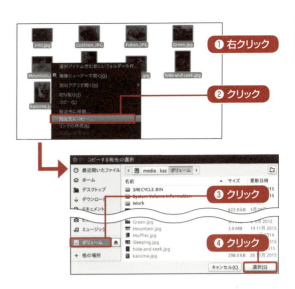

> **Memo**
> メニューからコピーする方法は、ノートパソコンのタッチパッドが使いにくい場合や、パソコンの画面が狭い場合などに便利です。

4 外付けハードディスクを取り外す

外付けハードディスクの⏏をクリックするか①、外付けハードディスクの名前を右クリックし②、＜ドライブの安全な取り外し＞をクリックします③。

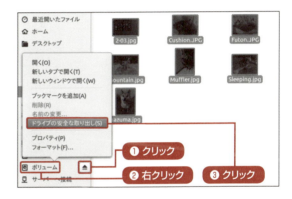

> **Memo**
> Linuxではストレージを接続し、使用可能になった状態を「マウント」、取り外した状態を「アンマウント」といいます。右の操作を行うとアンマウントした状態となるので、外付けハードディスクを安全に取り外せます。

外付けハードディスクを初期化する

1 メニューからフォーマットを行う

外付けハードディスクを右クリックし①、＜フォーマット＞をクリックします②。「ボリュームを初期化」画面の各ドロップダウンリストで形式を選択し③、＜初期化＞をクリックします④。

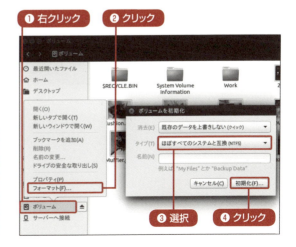

> **Memo**
> 「タイプ」で選択できるファイルシステム（ストレージ上のファイルを管理する方式）は、FAT ／ NTFS ／ Ext4 ／ LUKX+Ext4 です。外付けハードディスクをWindowsと併用する場合はFATかNTFS、Ubuntuのみで使用する場合はExt4（暗号化が必要な場合はLUKX+Ext4）を選びます。

02 無線LANを使えるようにしよう

パソコンの構成を変更して有線LANから無線LANに切り替える場合、無線LANアクセスポイントへの接続設定が必要となります。Ubuntuでは有線LANと無線LANを併用できるため、ネットワークの接続を確認してから有線LANケーブルを取り外しましょう。

通知領域から操作する

1 無線LANアクセスポイントに接続する

通知領域の＜ネットワーク接続＞ を右クリックし①、検出した無線LANアクセスポイントをクリックします②。

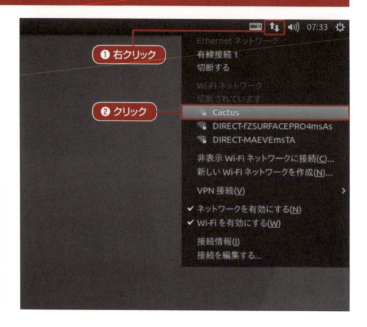

Memo
ここでは、無線LANアダプターを接続した状態で操作を行っています。アダプターを接続してもメニューに無線LANアクセスポイントが表示されない場合は、アダプターがLinuxに対応していません。無線LANアダプターのマニュアルなどを確認してください。

2 パスワードを入力する

無線LANアクセスポイントで設定した暗号化キー（パスワード）をテキストボックスに入力し①、＜接続＞をクリックします②。

Memo
＜パスワードを表示する＞をクリックしてチェックを付けると、入力したパスワードが表示されます。

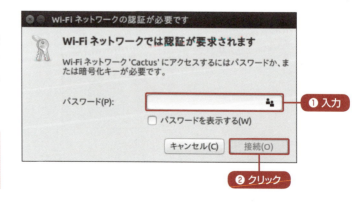

3 無線LANアクセスポイントに接続した

無線LANアクセスポイントに接続すると、接続したことを示すメッセージが表示されます①。有線LANケーブルを取り外すと、通知領域のアイコンが変化します②。

Memo

P.156 手順1で目的の無線LANアクセスポイントがメニューに表示されない場合は、＜非表示Wi-Fiネットワークに接続＞もしくは＜新しいWi-Fiネットワークを作成＞をクリックし、ネットワーク名やセキュリティタイプ、暗号化キーなどを入力します。

無線LANから切断する

1 ＜切断する＞をクリックする

通知領域の＜ネットワーク接続＞ を右クリックし①、＜切断する＞をクリックすると②、無線LANから切断したことを示すメッセージが表示されます③。

Column

接続状態を確認する

通知領域の＜ネットワーク接続＞ を右クリックして、表示されるメニューの＜接続情報＞をクリックすると、現在のネットワーク接続状態を示す画面が表示されます。速度などもここで確認できます。確認後、＜Close＞をクリックします。

03 プリンターで印刷できるようにしよう

市販されているプリンターのほとんどはWindowsとMacに対応していますが、Linuxに対応しているプリンターは少数です。海外でも販売されているプリンターはUbuntuがデバイスドライバーを搭載している場合が多く、使用できる可能性があります。

プリンターを追加する

1 「プリンター」を起動する

ランチャーの＜設定＞をクリックし①、「システム設定」の＜プリンター＞をクリックします②。「プリンター」が起動したら③、パソコンとプリンターをUSBケーブルで接続し、プリンターの電源を入れます。

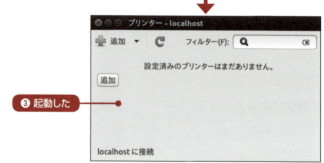

2 プリンターを認識した

接続したプリンター名を持つアイコンが表示され①、プリンターが使用可能になります。

> **Memo**
> プリンターが自動認識しない場合は、手順1下の画面で＜追加＞をクリックし、ベンダー名やモデル名を参考にデバイスドライバーを選択します。詳しくはP.160の「ネットワークプリンターを追加する」を参照してください。

プリンターの設定を行う

1 メニューから<プロパティ>を参照する

プリンターを右クリックし①、<プロパティ>をクリックします②。

2 接続方法を確認する

「プリンターのプロパティ」画面が表示されたら、<設定>をクリックします①。画面右側には接続方法やプリンター名が表示されます②。<プリンターオプション>をクリックします③。

Memo

プリンターが実際に稼働するか確認するには、<テストページの印刷>をクリックして、テストページを印刷します。

3 詳細設定を行う

「プリンターオプション」では、プリンターの動作を細かく設定できます。項目の内容は、利用しているプリンターによって異なります。この例では、たとえば両面印刷を行う場合は「2-Sided Printing」のボタンをクリックし①、ドロップダウンリストから<長辺綴じ>を選択します②。

ネットワークプリンターを追加する

1 IPアドレスベースで検索する

「プリンター」の＜追加＞をクリックし（P.158手順1参照）、＜ネットワークプリンター＞①→＜ネットワークプリンターを検索＞の順でクリックして選択したら②、テキストボックスにネットワークプリンターのIPアドレスを入力して③、＜検索＞をクリックします④。続いて＜進む＞をクリックします⑤。

Memo

ここでは無線LAN対応のプリンターを利用して、無線LANでプリンターを利用する設定を行っています。ネットワークプリンターのIPアドレスがわからない場合は、設定した人に聞くか、マニュアルを参照してください。

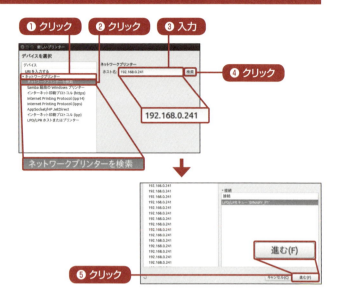

2 ベンダー＆モデル名で選択する

一覧からベンダー名をクリックし①、＜進む＞をクリックします②。続いて利用しているネットワークプリンター名をクリックして選択し③、＜進む＞をクリックします④。

Memo

この例では、ネットワークプリンターは「HL-2270DW」ですが、対応するデバイスドライバーが存在しないため、旧モデルのデバイスドライバーを選択しています。なお、プリンターによって、手順／画面表示は異なります。

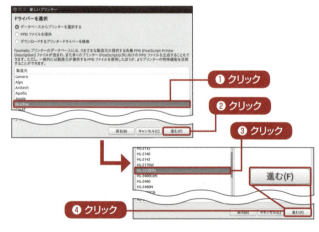

3 確定後にテストページを印刷する

内容を確認し①、問題がなければ＜適用＞をクリックします②。テストページの印刷をうながされるので、＜テストページの印刷＞をクリックし③、動作を確認します。

Memo

使用するプリンターの専用のデバイスドライバーがない場合、別機種のデバイスドライバーを使うと、エラーメッセージが表示されても印刷はできる場合があります。

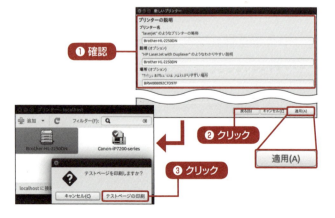

第10章

Ubuntuをもっと活用しよう

01 アプリをインストールしよう
02 さまざまなアプリをインストールしよう
03 Ubuntuのシステム設定を変更しよう
04 新しいアカウントを追加しよう
05 画面表示の設定を変更しよう
06 ワークスペースを活用しよう
07 Dropboxを活用しよう
08 ファイルを自動バックアップしよう
09 セキュリティを強化しよう
10 Ubuntuをアップデートしよう

01 アプリをインストールしよう

Ubuntuはコマンドライン（文字を使って操作を実行する方法）からパッケージをインストールするのが標準的なスタイルですが、アプリのインストールをかんたんに行う「Ubuntu Software」もおすすめです。用意されたカテゴリーから好きなアプリを探し出すことも可能です。

アプリ名を指定してインストールする

1 Ubuntu Softwareを起動する

ランチャーのボタンをクリックし①、Ubuntu Softwareを起動します②。

❶ クリック
❷ 起動した

2 検索ボックスにアプリ名を入力する

検索ボックスにアプリ名（ここでは「GIMP」）を入力します①。入力した内容に関連したパッケージの一覧が表示されたら②、「GIMP」の説明をクリックします③。

❶ 入力
❷ 関連するアプリの一覧
❸ クリック

> **Memo**
> この画面で、各パッケージの右端に表示されている＜インストール＞をクリックすると、アプリの詳細画面を表示せずにインストールが開始します。

3 アプリをインストールする

アプリの詳細画面に切り替わります。説明を確認してから①、＜インストール＞をクリックします②。

> **Memo**
>
> 画面左下の＜ウェブサイト＞をクリックすると、アプリの公式サイトにアクセスできます。ただし、大半のWebサイトは英語版です。

4 パスワードを入力する

管理者権限の認証を求められるので、テキストボックスにパスワードを入力し①、＜認証する＞をクリックします②。

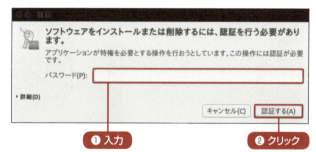

5 インストールが始まる

アプリのインストールが始まります。プログレスバーで進捗状況を確認できます①。

> **Memo**
>
> 「GIMP（ギンプもしくはジンプ）」は「GNU Image Manipulation Program」の略称です。フリーソフトウェアながらも高度な画像編集機能を備えているため、Ubuntu上でフォトレタッチや画像編集を行う人におすすめです。

6 アプリを起動する

アプリのインストールが完了すると、ボタン名が変化します。＜起動＞をクリックします①。

Memo

＜削除＞をクリックすると、アプリをアンインストールできます。

7 アプリが起動した

アプリが起動します①。また、アプリによっては自動的にランチャーに登録されます②。

Memo

通常のアプリを終了するには、ウィンドウ左上の⊗をクリックします。GIMPはドックと呼ばれるしくみを利用しているため、Ctrl+Qキーを押して終了させます。

Column

Dashから検索してアプリを起動する

ランチャーに未登録のアプリはDashから起動します。Dashアイコンをクリックして①、テキストボックスにアプリ名を入力し②、検索結果に表示されたアイコンをクリックします③。

なお、ここで紹介したGIMPのように、ランチャーに登録したアプリもDashから起動できます。ランチャーに多数のアプリが登録されて、アイコンを探すのが大変な場合などは、Dashから起動するほうが便利なこともあります。

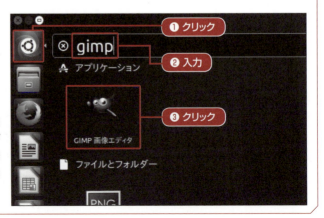

カテゴリーの一覧からアプリを探してインストールする

1 カテゴリーを選択する

Ubuntu Softwareを起動し、上方向へスクロールして①、好みのカテゴリーを選択します。ここでは、例として＜インターネット＞をクリックします②。

2 サブカテゴリーとアプリを選択する

最初は「注目ソフト」が表示されるので、好みに応じてサブカテゴリーを選択します。ここでは、例として＜ウェブブラウザー＞をクリックして開きました①。さらに、「Chromium」をインストールするため、＜Chromium ウェブ・ブラウザ＞をクリックします②。

3 インストールを開始する

＜インストール＞をクリックすると①、P.162の「アプリ名を指定してインストールする」と同じく認証画面が表示されるので、パスワードを入力します。続いて、インストールが開始します。

> **Memo**
>
> 「Chromium（クロミウム）」はオープンソースベースのWebブラウザーで、Google ChromeもChromiumをベースに開発されています。両者の違いですが、Chromiumには自動アップデート機能やAdobe Flash Player、Google翻訳機能などが含まれていません。しかし、Chromeウェブストアが使えるため、拡張することでGoogle Chromeと同じ機能を利用できます。

02 さまざまなアプリを インストールしよう

Ubuntuをさらに活用にするために、Ubuntu Softwareからさまざまなアプリをインストールしましょう。Windowsでもお馴染みのアプリのほか、Linuxでしか楽しめないアプリも用意されています。ここでは星の数ほどあるアプリの中から、おすすめのアプリを厳選して紹介します。

Ubuntuで使いたいおすすめアプリ

多くの形式に対応する「VLCメディアプレイヤー」

Windows版でもお馴染みのメディアプレイヤーです（P.114参照）。特徴は対応形式の多さで、MPEG-2やMPEG-4などの動画形式や、FLAC、Oggなどの音楽形式をサポートしています。さらにストリーミングサーバーとして稼働させれば、複数のクライアントに同時に配信できます。

かんたん操作が特徴の「Viewnior」

高速表示かつ、必要最小限の操作で画像を閲覧できるビューアーです。キーボード派なら スペース キーで次の画像へ、 Backspace キーで前の画像へ切り替わります。マウスホイールやダブルクリック時の動作も自由にカスタマイズできます。

● タブ型PDFビューアー「qpdfview」

Ubuntuには「Evince」というドキュメントビューアーが用意されていますが、残念ながらタブ機能は備えていません。そこでおすすめするのが、タブ型PDFビューアーの「qpdfview」です。複数のPDFファイルをタブで切り替えて表示できるため、作業効率が向上します。

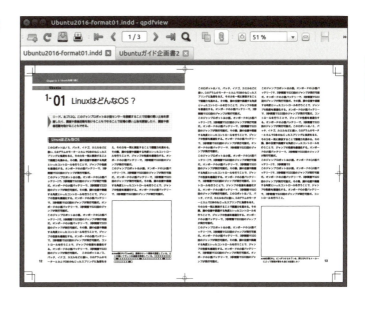

● 通知領域をより使いやすくする「クラシックメニュー・インジケーター」

デスクトップの通知領域（インジケーター）に階層型のメニューを追加するアプリです。文字通り、古いUbuntu（Gnome 2.x）のアプリメニューに相当します。Windows XPやWindows 7からUbuntuに移行したユーザーには、Dashよりも使いやすく感じるでしょう。

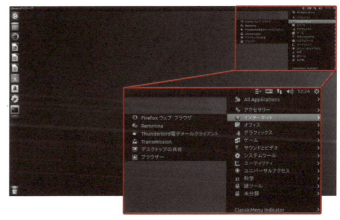

■ Column

関連付けの変更方法

Ubuntuは標準のビューアー系アプリを備えていますが、ここで解説したビューアー系アプリと切り替える場合は、対象となるファイルを右クリックし、表示されるメニューの＜プロパティ＞をクリックします。プロパティ画面の＜開き方＞タブをクリックし①、使用するアプリを一覧から選択して②、＜デフォルトに設定する＞をクリックします③。

● **Unityのカスタマイズが可能な「Unity Tweak Tool」**

GUI操作では設定できない、Unityの各種設定をカスタマイズするアプリです。パネルの透明度や表示フォントの変更、デスクトップにホームフォルダーやごみ箱のアイコンを表示させるなど、デスクトップに関するさまざまなカスタマイズが可能です。

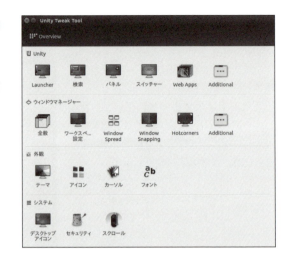

● **ストレージの障害情報を確認できる「GSmartControl」**

Ubuntuは標準でストレージのS.M.A.R.T.情報（障害などの情報）を確認する機能（gnome-disks）を備えていますが、情報を確認できない場合は「GSmartControl」を使用しましょう。内部的にはS.M.A.R.T.情報を取得する「smartmontools」パッケージを使用しており、GUIの見やすい画面で情報を表示してくれます。

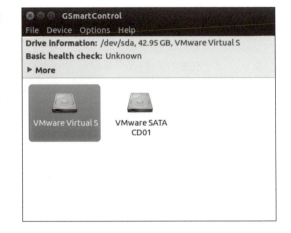

● **さまざまな負荷情報を表示する「システム負荷インジケーター」**

デスクトップの通知領域（インジケーター）にCPUやメモリー、ネットワークなどの負荷情報をグラフ表示するアプリです。表示する項目は個別に選択できます。また、Ubuntu標準のシステムモニターを呼び出す機能も備えています。

● 低スペックパソコンに最適な「Xfce」

低スペックなパソコンで、Unityによるデスクトップ環境が重い場合は「Xfce」がおすすめです。軽量・高速なデスクトップ環境を実現してくれます。ただし、インストールは「端末」から実行したほうが便利でしょう。また、ログイン画面に表示されるユーザー名の横にあるアイコンをクリックし、「Xfceセッション」を選択してからパスワードを入力すると、Xfceの機能を有効にできます。

Memo

Xfceをインストールするには、「端末」を起動して「sudo apt-get install xfce4」と入力して Enter キーを押します。なお、もとのセッションでログインするには「Ubuntu」を選びます。

● 図表の作成に最適な「Inkscape」

パスを使ったベクトル形式の画像作成や編集を行うドローアプリです。レイヤーによるオブジェクト管理やマスク作成、オブジェクトの結合や整列といった操作も可能です。Ubuntuで正確な図表を作成したい人にもおすすめです。

● コマンドを使わず操作できる「Synaptic Package Manager」

Ubuntuは「端末」の「apt」コマンドを使ってパッケージを管理しますが、コマンドライン操作に慣れない人は「Synaptic Package Manager」を使いましょう。主に、Ubuntu Softwareで目的のアプリが見つからないときに使用します。

03 Ubuntuのシステム設定を変更しよう

Windows 10の「設定」に相当するのが「システム設定」です。マウスの感度やディスプレイの解像度など、各種設定を1か所から行います。ログイン時に自動起動するアプリや、任意のアプリを起動するショートカットキーの設定も可能です。Ubuntuを快適にするために活用しましょう。

「システム設定」を起動する

1 通知領域から起動する

まずは基本的な操作を行ってみましょう。通知領域の☒アイコン①→＜システム設定＞の順にクリックします②。

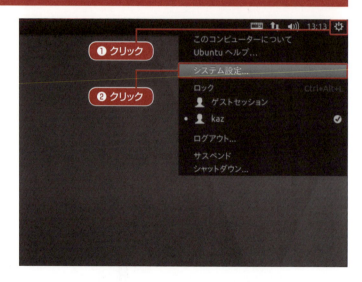

Memo

「システム設定」はランチャーに並ぶ＜システム設定＞アイコンをクリックしても起動できます。

2 各種設定に切り替える

「システム設定」が起動して、各種の設定項目に対応する全アイコンが並ぶ「すべての設定」画面が表示されます。ここでは例として、＜キーボード＞をクリックします①。

3 キーリピートを設定する

キーボードに関する設定項目が並びます。この画面では、スライダーを左右に動かせばキーリピートのスピードが変わります①。「すべての設定」に戻るには、＜すべての設定＞をクリックします②。

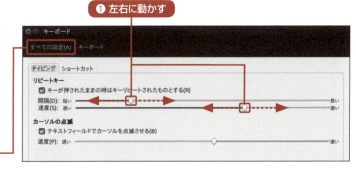

ロック画面に関する設定をする

1 ロック画面の移行時間を調整する

「すべての設定」で＜画面の明るさとロック＞をクリックします。「次の時間アイドル状態が続けば画面をオフにする」のボタンをクリックして①、ドロップダウンリストから時間をクリックして選択します②。

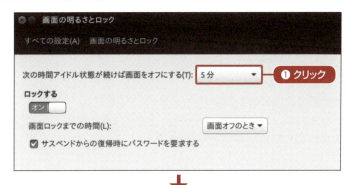

📝 Memo

パソコンを操作しないままで設定した時間が経過すると、モニターの電源がオフになります。マウスやキーボードを操作すると、モニターの電源がオンになって画面が表示されます。このとき、「ロックする」がオンに設定されているとロック画面が表示されて、パスワードの入力を求められます。

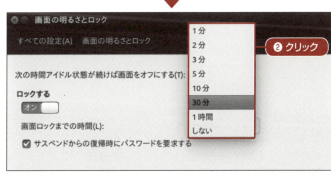

2 ロック画面を無効にする

ロック画面への移行を無効にするには、「ロックする」のスイッチをクリックし①、オフに切り替えます。

キーボードショートカットを追加する

1 「ショートカット」タブから追加する

「すべての設定」から＜キーボード＞→＜ショートカット＞タブの順にクリックし①、⊞をクリックします②。「名前」のテキストボックスに「Nautilus」と入力して③、「コマンド」のテキストボックスに「nautilus」と入力したら④、＜適用＞をクリックします⑤。

> **Memo**
> ④で入力する「nautilus」はNautilusの正式名称です。コマンド名なので、大文字・小文字の違いを正しく入力します。

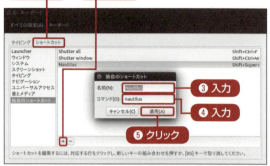

2 追加するキーを選択する

作成した項目の右側の＜無効＞を右クリックし①、「新しいアクセラレータ」というメッセージになったら、複数の任意のキーを同時に押します（ここでは Shift＋⊞＋Eキーを押しました）②。押したキーの組み合わせに変化すれば、設定は完了です③。

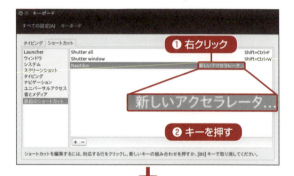

> **Memo**
> ③では⊞キーは「Super」と表示されます。この設定が完了すると、Shift＋⊞＋Eキーを押すとNautilusが起動するようになります。

3 既定のショートカットキーを確認する

⊞キーを長押しすると、既定で設定されているショートカットキーが表示されます（ユーザーが追加したショートカットキーは含まれません）①。

> **Memo**
> ランチャーに登録したアプリは、上から順番に⊞＋数字キーが割り当てられています。たとえば⊞＋1キーでNautilus、⊞＋2キーでFirefoxが起動します。

既定の動作を設定する

1 既定のアプリを変更する

「すべての設定」から＜詳細＞→＜デフォルトのアプリ＞の順でクリックします①。たとえば既定のWebブラウザーを変更する場合、「ウェブ」のボタンをクリックして②、ドロップダウンリストから任意のアプリをクリックして選択します③。

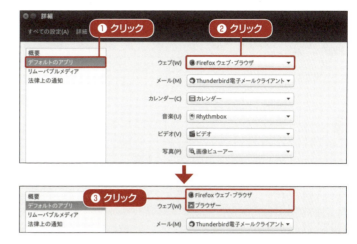

2 既定の動作を変更する

＜リムーバブルメディア＞をクリックすると①、各メディアを挿入もしくは接続した際の動作を設定できます。音楽CDの場合は「CDオーディオ」のボタンをクリックし②、ドロップダウンリストから起動するアプリや実行する動作をクリックして選択します③。

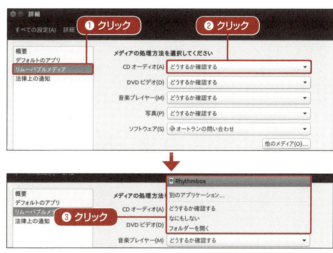

Column

「Tweak Tool」を使う

　より多くの設定を変更し、デスクトップやUbuntuの動作を変更する場合は「Tweak Tool」をインストールしましょう。Tweak ToolはGNOME 3.xの設定を調整するアプリであり、Ubuntuでそのまま使用できます。テーマや拡張機能のインストール、パソコンの電源ボタンを押したときの動作など、多岐にわたって設定可能です。詳しくはP.178の「画面表示の設定を変更しよう」を参照してください。

04 新しいアカウントを追加しよう

> Ubuntuのインストール時に自分のユーザーアカウントを作成しましたが、家族で同じパソコンを使用する場合は、新たにアカウントを作成しましょう。ユーザーアカウントを切り替えることで、ユーザーごとに独自の設定やファイル管理が可能になります。

ユーザーアカウントを作成する

1 「ユーザーアカウント」を起動する

「システム設定」を起動し、「すべての設定」で＜ユーザーアカウント＞をクリックします①。

2 ロックを解除する

「ユーザーアカウント」画面が表示されます。このままではユーザーアカウントを追加できないため、＜ロック解除＞をクリックします①。

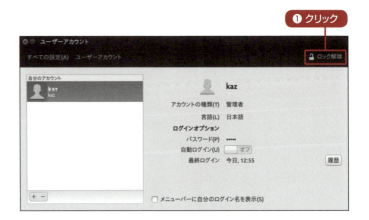

> **Memo**
> ＜メニューバーに自分のログイン名を表示＞をクリックしてチェックを付けると、通知領域に並ぶ時計アイコンの右側にユーザー名が表示されます。

3 パスワードを入力する

管理者権限の認証を求められるので、テキストボックスにパスワードを入力し①、＜認証する＞をクリックします②。

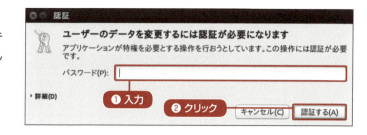

4 ユーザーアカウントを追加する

表示が「ロック」に変化して、ユーザーアカウントを追加できる状態になります①。田をクリックします②。

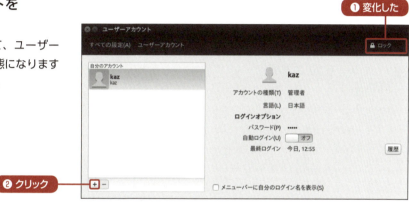

5 アカウントの種類を選択する

最初にユーザーアカウントの種類を選択します。「アカウントの種類」のボタンをクリックし①、ドロップダウンリストから「一般ユーザー」「管理者」のいずれかをクリックで選択します②。

Memo

アプリのインストールや重要な設定の変更など、Ubuntuのシステムに影響する操作をすると、手順3のように管理者権限の認証を求められます。このとき、「一般ユーザー」は自分のパスワードを入力しても操作を続行できません。

Memo

右の画面で、「フルネーム」はログイン画面やロック画面でユーザーの識別用に表示される名前です。「ユーザー名」はユーザーアカウント名として設定される名前です。

6 ユーザー名などを入力する

「フルネーム」のテキストボックスにユーザーの名前を①、「ユーザー名」のテキストボックスにユーザー名を入力して②、<追加>をクリックします③。

> **Memo**
> 「フルネーム」に半角英数字で入力すると、同じ内容が「ユーザー名」にも自動的に入力されます。「フルネーム」は全角文字で設定することもできます。

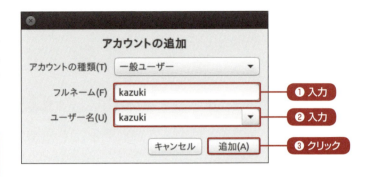

7 パスワード設定画面を呼び出す

この状態では、新たに作成したユーザーアカウントは使用できません。作成したユーザーアカウントをクリックで選択し①、<アカウントは無効です>をクリックします②。

> **Memo**
> ログイン中のユーザー名をクリックすれば、好きな「フルネーム」に変更できます。ただし、「ユーザー名」は変更できません。

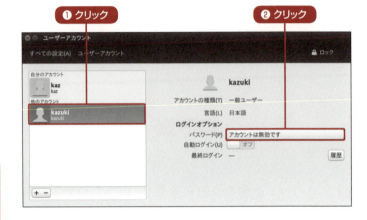

8 パスワードを設定する

「今すぐパスワードを設定する」が選択されていることを確認し①、「新しいパスワード」と「パスワードの確認」のテキストボックスに同じパスワードを入力し②、<変更>をクリックします③。

> **Memo**
> 「アクション」のドロップダウンリストからは、<今すぐパスワードを設定する>以外にも、<パスワードなしでログインする>と<アカウントを有効にする>が選択できます。前者は文字通りパスワードを入力せずにログイン可能になりますが、後者は選択してもユーザーアカウントは無効のままです。

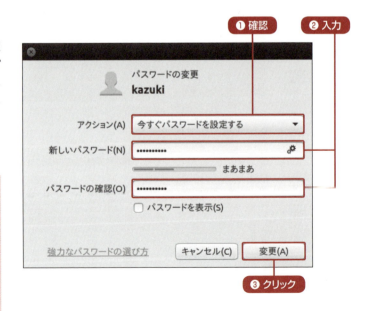

新しいユーザーアカウントでログインする

1 切り替えるユーザーを選択する

通知領域の🔲アイコンをクリックし①、新たに作成したユーザー名をクリックします②。

2 パスワードを入力する

ログインするユーザーが自動的に選択されるので、そのままパスワードを入力し①、Enterキーを押せば②、デスクトップ画面が表示されます。

> **Memo**
> ここでの操作を行うと、最初の管理者と新たなユーザーアカウントの両者がログオンした状態となり、パソコンのリソースを大幅に使用するため、動作が遅くなる場合があります。正常にログオンできることを確認したら、どちらかのユーザーはログアウトさせましょう。

Column

ユーザーアカウントにアイコンを追加する

ユーザーアカウントが増えてくると、ユーザー名もしくはフルネームだけでは見分けが付かなくなります。その場合は「ユーザーアカウント」画面でユーザーアイコンをクリックして①、画像を貼り付けましょう。25種類の画像をクリックして選択できますが②、＜写真を撮る＞をクリックすると③、Webカメラによる撮影画像が使用できます。＜さらに写真を閲覧する＞をクリックすると④、あらかじめ用意した画像ファイルをアイコン用画像として使用できます。

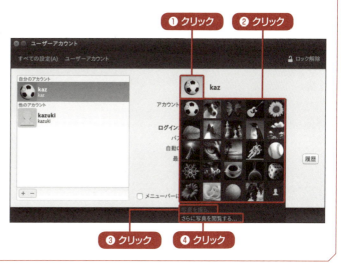

05 画面表示の設定を変更しよう

Ubuntuでは「システム設定」の「外観」から、画面の背景画像やウィンドウのデザインなど、好みに応じて変更可能です。ただし「外観」は基本的な機能しかないため、変更できるデザインは限られています。そこで「Tweak Tool」というパッケージを併用したカスタマイズ方法を解説します。

テーマを変更する

1 「外観」を起動する

「システム設定」を起動し、「すべての設定」で＜外観＞をクリックします①。

> **Memo**
> 「外観」はデスクトップの何もないところを右クリックし、＜背景の変更＞をクリックしても起動できます。

2 テーマを選択する

「外観」画面で「テーマ」のボタンをクリックし①、ドロップダウンリストから＜Radiance＞をクリックします②。

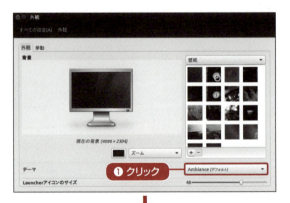

> **Memo**
> 右の画面で「Launchアイコンのサイズ」のスライダーを左右に動かせば、ランチャー上のアイコンのサイズを変更できます。

3 デザインが変更された

ウィンドウの配色やデザインが変更されます①。

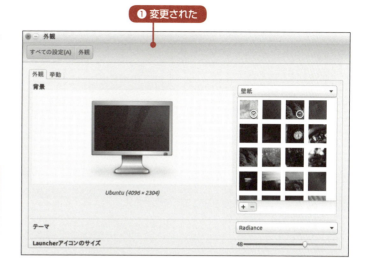

❶ 変更された

📝Memo

ここでは3種類のテーマしか選択できませんが、Ubuntu Softwareから「テーマ」をインストールすることで、アイコンやウィンドウフレームのデザインを個別にカスタマイズできます。

背景画像を変更する

1 好みの画像を選択する

「外観」画面の「壁紙」から好きな画像を選択すれば、背景画像を変更できます。まずは任意の画像をクリックします①。

❶ クリック

2 背景画像が変化した

背景画像が変更されました①。

❶ 変更された

📝Memo

画像のサムネイル（縮小画面）に時計のアイコンが表示されているものは、複数の画像ファイルを用意し、時間の経過と共に変化する背景画像です。

3 自分が用意した画像を使う

今度は自分が用意した画像ファイルを背景画像にしましょう。「外観」の+をクリックします①。

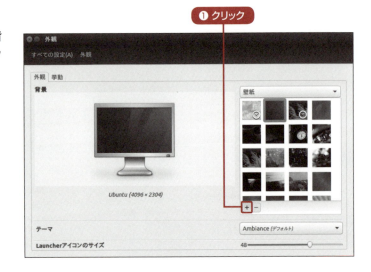

4 画像ファイルを選択する

自動的にピクチャフォルダーが開くので、使用する画像をクリックで選択し①、<開く>をクリックします②。

> **Memo**
> 複数の画像ファイルがある場合は、選択後に表示される画面右のサムネイルで確認すると便利です。

5 背景画像が切り替わった

背景画像が自分の画像ファイルに変更されます①。

> **Memo**
> <ズーム>をクリックすると、ドロップダウンリストから<並べる><中央><拡大縮小><引き延ばす><スパン>などの項目が選択可能になり、画像ファイルの配置方法を選択できます。

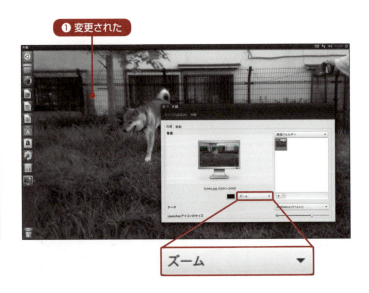

背景画像を単色にする

1 「色とグラデーション」を選択する

「外観」画面の<壁紙>をクリックし①、ドロップダウンリストから<色とグラデーション>を選択して②、下方向の矢印を持つアイコンをクリックします③。

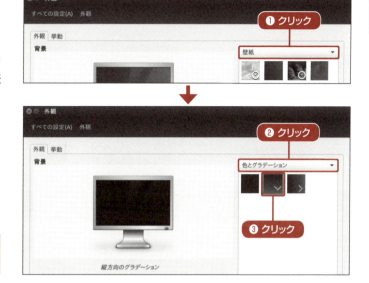

> **Memo**
> ここでは、2色のグラデーションを設定した背景に変更します。

2 1つ目の色を選択する

左のボタンをクリックし①、1つ目の色をクリックで選択して②、<選択>をクリックします③。

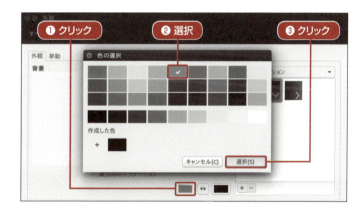

3 2つ目の色を選択する

同じように右のボタンをクリックし①、2つ目の色をクリックで選択して②、<選択>をクリックします③。

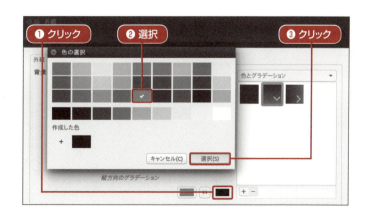

4 グラデーションの設定が完了する

グラデーションのかかった2色のシンプルなデスクトップに変更されます①。なお、色ボタンの間にある⇔をクリックすると②、左右の色の入れ替えができます。

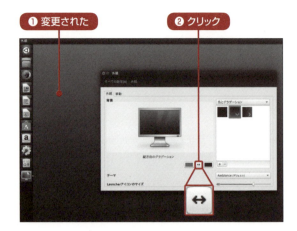
① 変更された　② クリック

Memo
ここでは、手順1で下方向の矢印を持つアイコンを選択したため、デスクトップの上方向から下方向へグラデーションがかかります。右方向の矢印を持つアイコンを選択した場合、デスクトップの左方向から右方向へグラデーションがかかります。

Tweak Toolでカスタマイズする

1 「Tweak Tool」を起動する

P.162の「アプリをインストールしよう」を参考に「Tweak Tool」をインストールします。ランチャーに追加されたアイコンをクリックします①。

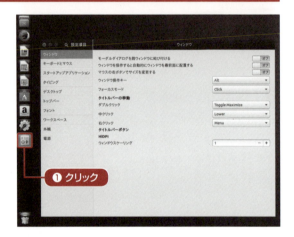
① クリック

2 カーソルアイコンを変更する

＜外観＞をクリックし①、「カーソル」のボタンをクリックして②、ドロップダウンリストから＜Whiteglass＞をクリックします③。

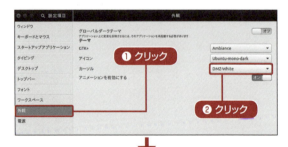
① クリック　② クリック

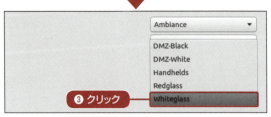
③ クリック

Memo
Ubuntuをインストールしたパソコンの動作が遅い場合は、「外観」の＜アニメーションを有効にする＞のスイッチをクリックしてオフに切り替えると、わずかにパフォーマンスが向上します。

3 カーソルアイコンが変更された

カーソルアイコンが変更されました①。もとの状態に戻すには、手順2を参考に<DMZ-White>を選択します。

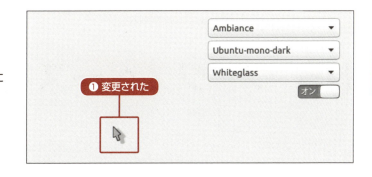

4 アイコンを変更する

続いて、アイコンを変更してみましょう。「アイコン」のボタンをクリックし①、ドロップダウンリストから<Unity-webapps-applications>をクリックします②。

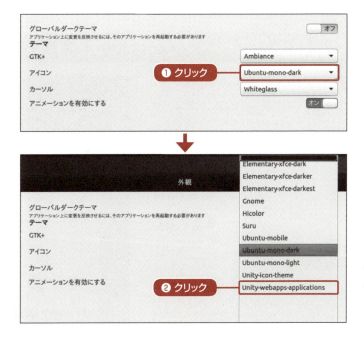

5 アイコンが変更された

ランチャーの一部アイコン①、「ファイル」のフォルダーアイコンが変更されます②。もとに戻すには、手順4を参考に<Ubuntu-mono-dark>を選択します。

06 ワークスペースを活用しよう

Ubuntuは「ワークスペース」という仮想デスクトップが存在します。各ワークスペースで異なるアプリを起動して、作業効率を向上させることができます。既定でワークスペースは無効のため、ここではワークスペースの有効化や切り替え方、利用方法を解説します。

ワークスペースを有効にする

1 「外観」を起動する

ランチャーの＜システム設定＞をクリックし①、＜外観＞をクリックします②。

Memo

Ubuntu 13.04 からワークスペースは既定で無効にされましたが、有効に切り替えることで利用できます。

2 ワークスペースを有効にする

「外観」画面の＜挙動＞タブをクリックし①、＜ワークスペースを有効にする＞をクリックしてチェックを付けると②、ワークスペースが有効になります。

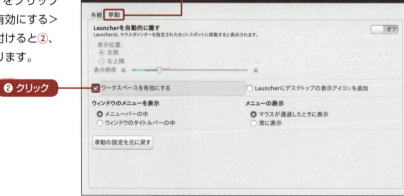

ワークスペースを使う

1 ワークスペースを表示させる

ランチャーに「ワークスペーススイッチャー」と呼ばれるアイコンが追加されます。＜ワークスペーススイッチャー＞をクリックします①。

Memo

ここでは画面の違いをわかりやすくするため、Nautilusを起動しています。

2 ワークスペースが表示された

4つのワークスペースが表示され、その1つにNautilusが表示されます。Nautilusが表示されていない任意のワークスペースをクリックします①。

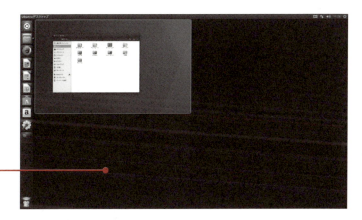

3 ワークスペースが切り替わった

Nautilusが表示されていない、別のワークスペースに切り替わります①。

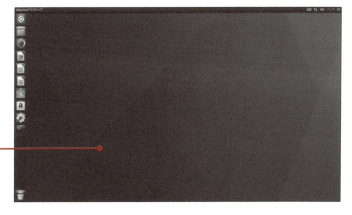

4 ワークスペーススイッチャーから切り替える

＜ワークスペーススイッチャー＞を右クリックすると、メニューが表示されます①。＜ワークスペース2x1＞をクリックすると②、右上のワークスペースに切り替わります。

> **Memo**
>
> 4つのワークスペースがある場合、左上から時計回りで「ワークスペース1x1」「ワークスペース2x1」「ワークスペース2x2」「ワークスペース1x2」の順番に切り替わります。

ワークスペース間でウィンドウを移動させる

1 ウィンドウをドラッグする

4つのワークスペースを表示させて、Nautilusのウィンドウを移動させる方向（ここでは右方向）へドラッグします①。

2 ワークスペースをクリックする

Nautilusのウィンドウが右のワークスペースに移動します。右のワークスペースをクリックします①。

3 ウィンドウが移動した

ワークスペースでは、このように直感的な操作でウィンドウを移動させることが可能です①。

❶ ウィンドウが移動した

4 メニューから移動する

ウィンドウのタイトルバーを右クリックすると①、移動するワークスペースをメニューから選択できます②。

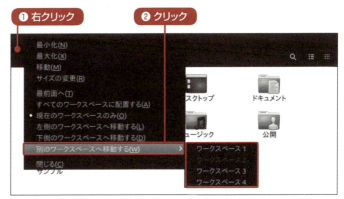

❶ 右クリック　❷ クリック

📖 Column

ショートカットキーを割り当てる

よりすばやくワークスペースを活用したい場合は、ショートカットキーを活用しましょう。主なショートカットキーは以下のとおりです。

■+Ｓキー：4つのワークスペースが表示されます。

■+Ｗキー：現在のワークスペースにあるすべてのウィンドウを並べて表示できます。

任意のウィンドウがアクティブな状態でShift+Ctrl+Alt+矢印キー：ミニウィンドウが開き、表示するワークスペースを切り替えできます。

詳しくは■キーを長押しすると表示されるヘルプ画面で確認できます（P.172参照）。

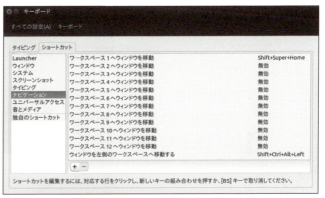

「キーボード」の＜ショートカット＞タブに並ぶ「ナビゲーション」で具体的なショートカットキーも設定できる

07 Dropboxを活用しよう

インターネット上にある保存領域を活用するオンラインストレージは、Ubuntuでも使用可能です。ここではUbuntu向けクライアントを用意しているDropbox（ドロップボックス）を利用し、Windows 10などとのファイル共有の手順を解説します。

Dropboxをインストールする

1 Ubuntu Softwareからインストールする

Ubuntu Softwareを起動し①、検索ボックスに「Dropbox」と入力します②。検索結果に並ぶ「Dropbox」の＜インストール＞をクリックします③。

> **Memo**
> 手順③のあとに管理者権限の認証が求められるので、アカウントのパスワードを入力し、＜認証する＞をクリックします。

2 パッケージを展開する

ランチャーにDropboxのインストールボタンが追加されるので、クリックします①。確認画面が表示されたら、＜OK＞をクリックします②。

> **Memo**
> Dropboxは無料で利用できますが、容量は2GBに制限されます。なお、有料で容量を増やすことも可能です。

3 インストールが始まる

Dropboxのインストールが始まります。プログレスバーで進捗状況が確認できます①。

4 アップデート情報に応答する

しばらくすると、アップデート情報の画面が表示されます。アップデートの情報が表示された場合は、画面の指示に従って操作します。ここでは＜閉じる＞をクリックします①。

Memo

この画面ではNautilusの再起動を要求されますが、＜Restart Nautilus＞をクリックしても動作しません。なお、この画面より先に手順5の画面が表示される場合があります。

5 メールアドレスとパスワードを入力する

Dropboxのアカウントに登録しているメールアドレスとパスワードを入力し①、＜ログイン＞をクリックします②。

Memo

この画面で＜登録＞をクリックすると、Dropboxのアカウントを新規登録できます。氏名やメールアドレス、パスワードなどを入力し、画面の指示に従って手続きをします。

6 インストールが完了した

ログインすると、Dropboxのインストールは完了です。＜Dropboxフォルダを開く＞をクリックします①。

7 NautilusにDropboxが加わる

Nautilusが自動的に起動し、Dropboxフォルダーが開きます①。Dropboxフォルダーは、「ホーム」をクリックすると②アクセスできます③。

Memo

Dropboxフォルダーは、通知領域に並ぶDropboxアイコンを右クリックすると表示されるメニューの＜Dropboxフォルダを開く＞をクリックしても開きます。

Dropboxにアップロードする

1 複数のフォルダーを開く

ここでは例として、「ピクチャ」フォルダー内のファイルをアップロードします。あらかじめDropboxフォルダーを開いておき①、ランチャーのNautilusのアイコンを右クリックして②、コンテキストメニューの＜ピクチャ＞をクリックします③。

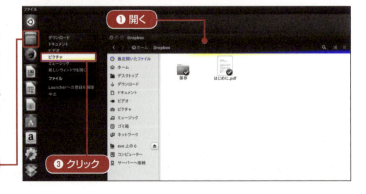

190

2 ファイルをアップロードする

Nautilusのピクチャフォルダーで Ctrl ＋ A キーを押して①、Ctrl ＋ C キーを押します②。Dropboxフォルダーで Ctrl ＋ A キーを押すと③、ファイルのアップロード（同期）が実行されます。

> **Memo**
>
> Dropboxフォルダーのファイルには、状態を示すオーバーレイアイコンが表示されます。緑色のアイコン◉は同期完了を意味し、青色のアイコン◎は同期中であることを示します。

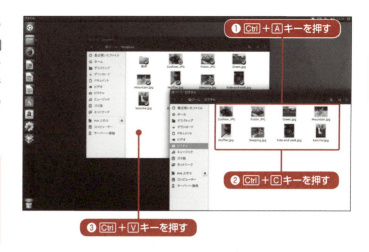

❶ Ctrl ＋ A キーを押す
❷ Ctrl ＋ C キーを押す
❸ Ctrl ＋ V キーを押す

3 Windows 10からアクセスする

右の画面は、Windows 10のMicrosoft EdgeからDropboxへアクセスし（https://www.dropbox.com/ja/login）、サインインしたところです①。このように、Ubuntuで同期したファイルをWindows 10で参照することも、逆にWindows 10で同期したファイルをUbuntuのDropboxフォルダーで参照することも可能です。

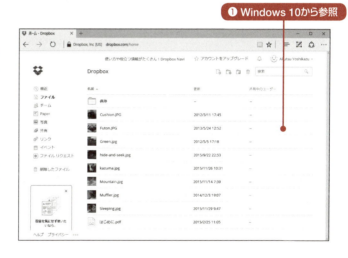

❶ Windows 10から参照

📝 Column

Dropboxの速度制限を解除する

Dropboxの既定の設定では、アップロードの速度に制限がかけられています。制限を解除するには、通知領域のDropboxアイコンを右クリックし①、＜基本設定＞をクリックします②。「Dropboxの基本設定」画面で＜バンド幅＞をクリックして③、「アップロード速度」の＜制限しない＞をクリックします④。なお、ネットワーク帯域が狭い環境では＜制限速度＞を選択して、適切な速度を設定しましょう。

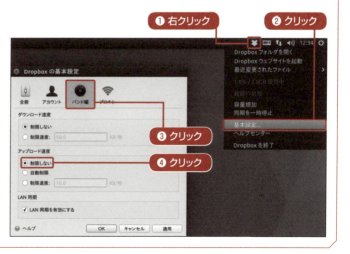

❶ 右クリック
❷ クリック
❸ クリック
❹ クリック

08 ファイルを自動バックアップしよう

> バックアップが欠かせないのは、Ubuntuでも変わりません。Ubuntuが備える機能を使えば、ホームフォルダーなど必要なフォルダーをバックアップできます。また、初回は手動設定が必要ですが、次回から自動的にバックアップするスケジュールが設定されます。

バックアップメディアを用意する

1 USBメモリーを接続する

パソコンにUSBメモリーを接続して、Nautilusに表示されるリムーバブルメディア（画面の例では3.9GBのボリューム）を右クリックし①、＜フォーマット＞をクリックします②。

Memo

バックアップの対象に合わせて、十分な容量のバックアップメディアを用意しましょう。なお、ホームフォルダーの容量を調べるには、Nautilusの＜ホーム＞を右クリックして、＜プロパティ＞をクリックすると表示されるプロパティ画面で確認できます。

2 USBメモリーをフォーマットする

「ボリュームを初期化」画面で「タイプ」のボタンをクリックすると①、FAT/NTFS/Ext4などのファイルシステムを選択できます②。バックアップデータをWindowsパソコンでも使用する場合はFATを選択します。フォーマットの形式を選択したら＜初期化＞をクリックします③。

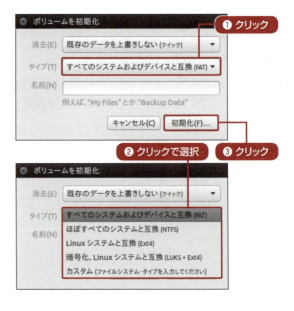

Memo

初期化が不要な場合は、ここでの手順は不要です。P.193の「自動バックアップを設定する」へ進みましょう。

3 フォーマットを実行する

確認のメッセージが表示されます。容量などを参考に間違いがないか確認し①、問題がなければ＜初期化＞をクリックします②。フォーマット完了後は、手順1のようにUSBメモリーのボリュームが表示されます。

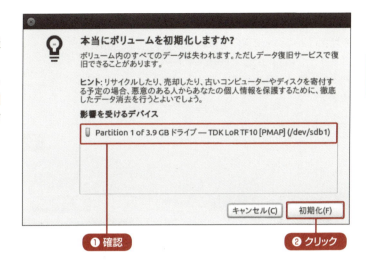

自動バックアップを設定する

1 「バックアップ」を起動する

ランチャーの＜システム設定＞をクリックし①、続いて、＜バックアップ＞をクリックします②。

2 アプリをインストールする

初期状態ではバックアップ機能は組み込まれていません。＜インストール＞をクリックします①。

> **Memo**
> ＜インストール＞ボタンは2つありますが、一方をクリックすれば両方ともインストールされます。インストールがうまくいかない場合は、パソコンを再起動します。

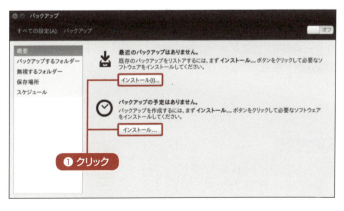

3 パスワードを入力する

管理者権限の認証を求められます。テキストボックスにアカウントのパスワードを入力し①、＜認証する＞をクリックします②。

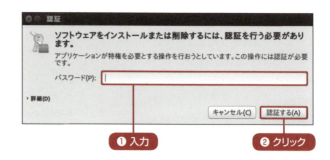

4 バックアップ機能が有効になった

バックアップ機能が有効になったので、基本的な設定を行います。まずは＜バックアップするフォルダー＞をクリックします①。

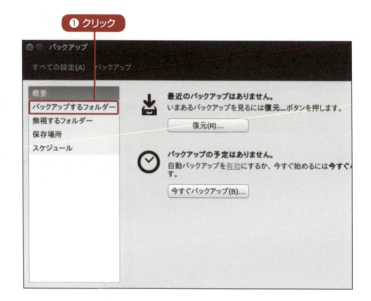

5 バックアップ対象を選択／整理する

ここでバックアップするフォルダーの追加／削除が可能です。既定でホームフォルダーが指定されていますが①、追加する場合は田をクリックします②。「フォルダーを選択」画面が表示されるので、フォルダーを選択して＜追加＞をクリックします。

Memo

バックアップ対象を削除する場合は、不要な項目を選択して、□をクリックします。

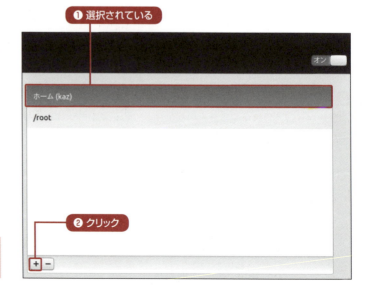

6 保存先を変更する

次に保存先を設定します。既定ではローカルのフォルダーにバックアップする設定のため、「保存場所」をクリックし①、「保存場所」のボタンをクリックして②、ドロップダウンリストからUSBメモリーをクリックして選択します③。

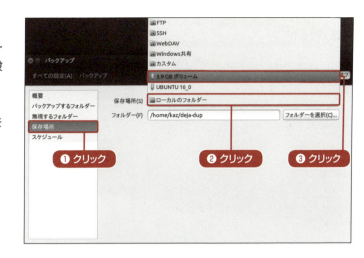

7 フォルダーを指定する

「フォルダー」のテキストボックスに「/」と入力し①、次に＜スケジュール＞をクリックします②。

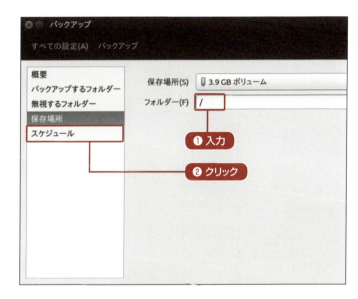

8 自動バックアップを有効にする

「自動バックアップ」のスイッチをクリックして、オンに切り替えます①。これで自動バックアップの設定は完了です。

Memo

ここで実行間隔と保存期間を変更できます。実行間隔は「毎日」「毎週」、保存期間は「最低6か月」「最低1年」「期限なし」から選択できます。ここでは間隔は毎週、保存期間は期限なしを選択しています。

バックアップを今すぐ実行する

1 ＜今すぐバックアップ＞をクリックする

「概要」をクリックし①、＜今すぐバックアップ＞をクリックして②、バックアップを実行します。

> **Memo**
> ＜今すぐバックアップ＞のボタンがクリックできない場合は、パソコンを再起動します。

2 バックアップデータを暗号化する

パスワードの設定を求められます。＜バックアップをパスワードで保護する＞が選択されていることを確認し①、「暗号化パスワード」と「パスワードの確認」に同じパスワードを入力します②。続いて＜パスワードを記憶する＞をクリックしてチェックを付け③、＜続行する＞をクリックします④。

> **Memo**
> ＜パスワードを記憶する＞をクリックしてチェックを付けておくと、次回バックアップ時も同じパスワードでバックアップデータを暗号化できます。

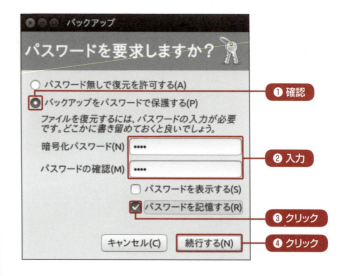

3 バックアップが開始する

バックアップが開始します。プログレスバーで進捗状況を確認できます①。

> **Memo**
> ＜後で再開する＞をクリックすると、バックアップを一時停止できます。

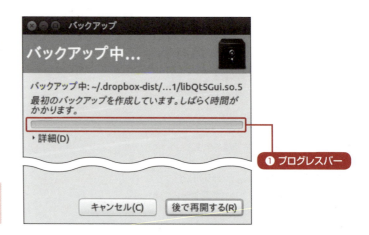

4 バックアップが完了した

バックアップが完了すると通知が表示されます①。

Memo
今回の設定では週1回の自動バックアップが行われますが、必要な場合は＜毎日＞に変更しましょう。

バックアップデータを復元する

1 「バックアップ」を起動する

バックアップデータを復元するには、「バックアップ」を起動し、「概要」をクリックして①、＜復元＞をクリックします②。

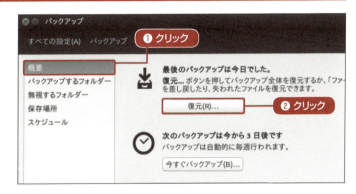

2 参照先を変更する

「復元」ウィザードが起動します。最初に「バックアップの保存場所」のボタンをクリックし①、ドロップダウンリストから、USBメモリーをクリックして選択します②。

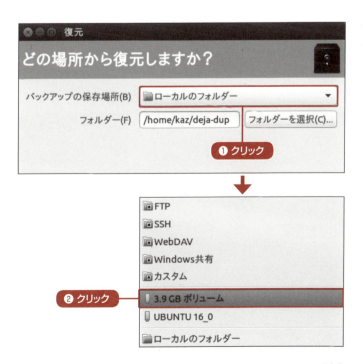

3 確認して次に進む

バックアップデータの参照先が変更されたことを確認し①、<進む>をクリックします②。

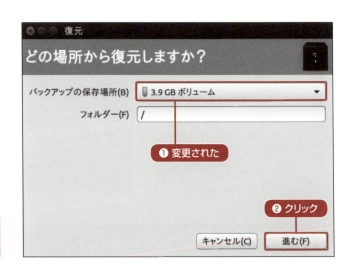

Memo
「フォルダー」の内容は自動的に入力されます。

4 復元データを確認する

複数のバックアップデータがある場合、最新のデータが自動的に選択されます①。通常はそのまま<進む>をクリックします②。

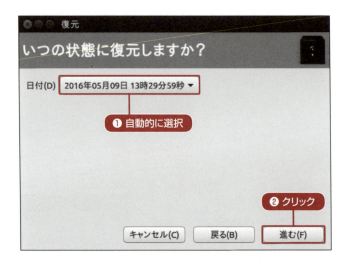

Memo
「日付」のボタンをクリックすると、以前のバックアップデータも選択できます。

5 復元先を選択する

バックアップデータの復元先を選択します。<元の場所にファイルを復元する>が選択されていることを確認してから①、<進む>をクリックします②。

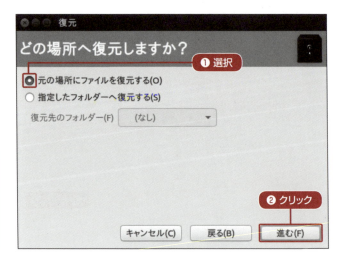

Memo
<指定したフォルダーへ復元する>をクリックして選択すると、任意のフォルダーにバックアップデータを復元できます。その際は「復元先のフォルダー」のボタンをクリックし、ドロップダウンリストから保存先を選択します。

6 設定を確認する

最後に、復元の設定が表示されます。内容に間違いがないか確認してから①、＜復元＞をクリックします②。

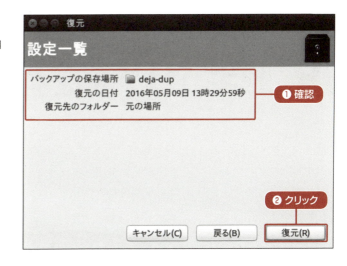

7 復元が開始する

復元が開始して、プログレスバーで進捗状況を確認できます①。暗号化パスワードの入力が求められた場合は、パスワードを入力して＜続行する＞をクリックします。

Memo

＜詳細＞をクリックすると、復元中のファイルの名前を確認できます。また、＜後で再開する＞をクリックすると、復元を一時停止できます。

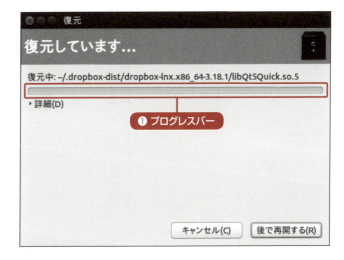

8 メッセージを確認する

復元が完了すると、バックアップの結果を知らせるメッセージが表示されます①。確認して、＜閉じる＞をクリックします②。

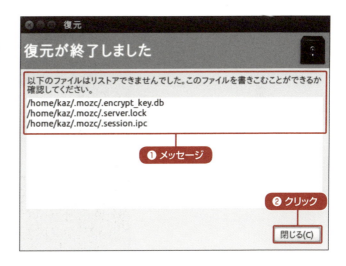

09 セキュリティを強化しよう

パソコンを安心して使うために、サイバー攻撃への対策は不可欠です。ここではファイアウォールを有効にするため、コマンドラインのファイアウォール「ufw（Uncomplicated FireWall）」と、設定を容易にするGUIフロントエンド「Gufw Firewall」をインストールします。

Gufw Firewallをインストールする

1 アプリをインストールする

Ubuntu Softwareを起動し①、検索ボックスに「gufw」と入力します②。検索結果に並ぶ「FireWall Configuration」の＜インストール＞をクリックします③。

> **Memo**
> 管理者権限の認証を求められたら、テキストボックスにアカウントのパスワードを入力し、＜認証する＞をクリックします。

2 アプリを起動する

ランチャーの＜ファイアウォール設定ツール＞をクリックし①、管理者権限の認証を求められたら、テキストボックスにアカウントのパスワードを入力して②、＜認証する＞をクリックします③。

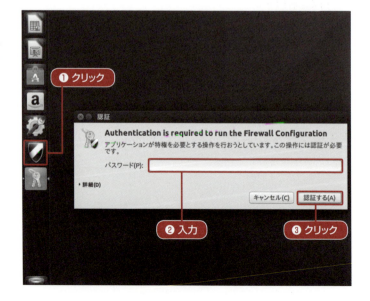

3 ファイアウォールを有効にする

アプリが起動したら、「Status」のスイッチをクリックして①オンに切り替えます。盾に色が付き②、ステータス領域に「Firewall enabled」というメッセージが表示されます③。

Memo

この状態では「Incoming: Deny（外部から内部へのアクセスをすべて拒否する）」、「Outgoing: Allow（内部から外部へのアクセスはすべて許可する）」となります。一般的なインターネットの閲覧程度であれば、この設定で問題ありません。

ルールを作成する

1 Sambaを許可する

ここでは例として、Sambaの許可ルールを作成します。＜ルール＞①→＋の順にクリックし②、「ファイアウォールのルールを追加」画面のテキストボックスに「smb」と入力します③。続いて＜追加＞④→＜閉じる＞の順にクリックします⑤。

Memo

Samba（サンバ）は、LinuxでWindowsネットワークの機能を利用できるようにするパッケージです。

2 ルールが追加された

ルールが追加されました。削除する場合は対象をクリックで選択し①、－をクリックします②。

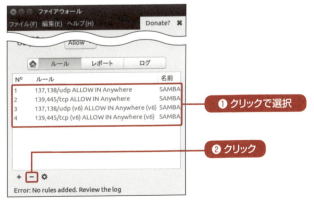

Memo

＜レポート＞をクリックすると、現在アプリが使用しているポートの一覧を確認できます。また、＜ログ＞をクリックすると、「ufw」のログを確認できます。

10 Ubuntuをアップデートしよう

> Ubuntuはバグ（ソフトウェアの欠点）の修正や新機能の追加などのために、定期的にアップデートが公開されます。アップデートを適用することで、Ubuntuは最新の状態に更新されて、不都合が改善されます。アップデートの通知が表示されたら、できる限り適用しましょう。

アップデートを実行する

1 通知が表示される

アップデートが公開されると、ランチャーにアップデートを実行する「ソフトウェアの更新」ボタンが表示されるので、クリックします①。

Memo

Ubuntu 16.04 LTSの既定では、セキュリティアップデートに関するパッケージを自動的にダウンロードし、インストールします。そのため「ソフトウェアの更新」ボタンが表示されるのは、そのほかのアップデートがある場合です。

2 インストールを実行する

「ソフトウェアの更新」画面が表示されたら、＜今すぐインストールする＞をクリックします①。

Memo

＜アップデートの詳細＞をクリックすると、更新したパッケージの一覧を確認できます。

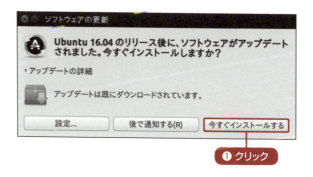

3 パッケージの更新が始まる

パッケージの更新が始まります。プログレスバーで進捗状況を確認できます①。

4 パソコンを再起動する

アップデートの内容によっては、パソコンの再起動が必要な場合があります。ほかのアプリを終了させてから、＜今すぐ再起動＞をクリックします①。

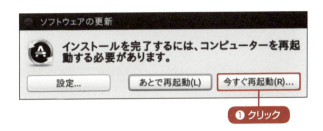

アップデートの設定を変更する

1 「ソフトウェアとアップデート」を起動する

ランチャーの＜システム設定＞をクリックし①、＜ソフトウェアとアップデート＞をクリックします②。

2 <アップデート>タブを開く

「ソフトウェアとアップデート」が起動したら、<アップデート>タブをクリックします①。

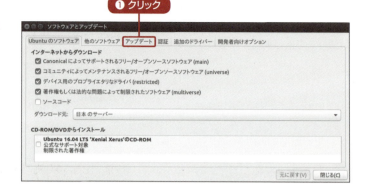

3 そのほかのアップデートのタイミングを変更する

「その他のアップデートがあるとき」のボタンをクリックし①、ドロップダウンリストから<すぐに表示>をクリックします②。

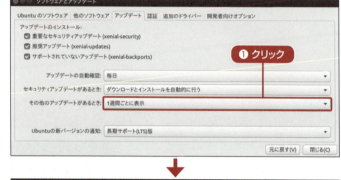

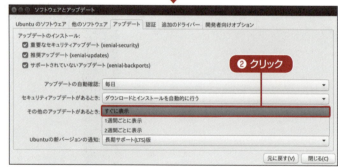

📝Memo

「セキュリティアップデートがあるとき」のボタンをクリックすると、管理者権限の認証を求められます。テキストボックスにアカウントのパスワードを入力し、<認証する>をクリックします。

4 設定を反映させる

<閉じる>をクリックします①。

📝Memo

Ubuntuの操作に慣れて、サポート期間の長いLTS版から通常版に移行する場合は、<Ubuntuの新バージョンの通知>をクリックし、ドロップダウンリストから<すべての新バージョン>をクリックして選択します。

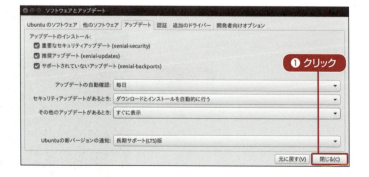

Appendix

付　録

01　仮想環境にUbuntuをインストールしよう
02　仮想環境にインストールしたUbuntuの使い方
03　UbuntuとWindowsを両方使えるようにしよう

Appendix 付録

01 仮想環境にUbuntuを インストールしよう

> Ubuntuを使いたいけれど空いているパソコンがない場合は、Windows上に仮想化ソフトウェアを導入して、その上でUbuntuを動作させる方法があります。Windows用の仮想化ソフトウェアはいくつかありますが、ここでは無償で利用できるVirtualBoxを導入します。

VirtualBoxのダウンロードとインストール

1 VirtualBoxをダウンロードする

WebブラウザーでVirtualBoxのダウンロードページにアクセスし（https://www.virtualbox.org/wiki/Downloads）、最新版のVirtualBoxをダウンロードします。「Windows hosts」と書かれた右にあるリンク①→＜実行＞の順にクリックします②。

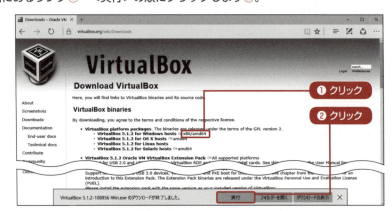

Memo
仮想化ソフトウェアの導入は上級者向けの手法です。念のため、作業の前にパソコン内の重要なファイルをバックアップしておきましょう。

2 インストールを開始する

VirtualBoxのセットアッププログラムが起動しました。＜Next＞をクリックします①。

Memo
セットアッププログラムの画面にはバージョン番号が表示されます。この番号は、バージョンアップに合わせて変化します。

3 コンポーネントを選択する

パソコンへインストールするVirtualBoxのコンポーネントを選択する画面が表示されますが、既定のままで構いません。そのまま＜Next＞をクリックします①。

📝Memo

インストール先として別のドライブを選択する場合は、＜Browse＞をクリックして、別ドライブのフォルダーを選択します。

4 インストールオプションを選択する

ショートカットの作成先と、関連付けに関するオプションの選択をうながされます。通常は、そのまま＜Next＞をクリックします①。

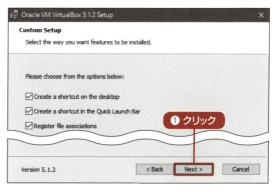

5 ネットワーク遮断を認識する

ほかのアプリで作業中の場合は一度終了させてから、＜Yes＞をクリックします①。

📝Memo

一見すると、ここでの操作は危険なように見えますが、心配する必要はありません。VirtualBoxが仮想ネットワークドライバーなどをインストールするため、一時的にインターネット接続が遮断するだけです。

📖Column

仮想化環境とは

　ここでいう仮想化とは、1台のパソコン上に異なるパソコン環境を構築する技術です。その手法は数多く存在しますが、本書で使用するVirtualBoxは、ソフトウェアでその技術を実現しています。仮想マシン（ゲストマシン）にOSをインストールすることで、ホスト（仮想化環境を構築するOS。ここではWindows）とは異なるOSの利用が可能になります。また、CPUの能力やストレージ／メモリー容量に余裕がある場合、1台のパソコンで複数の仮想マシンを実行する環境も構築できます。

6 インストールを実行する

最後に＜Install＞をクリックすると①、VirtualBoxのインストールが開始します。

> **Memo**
>
> Windows 10のUAC（ユーザーアカウント制御）が有効な場合、実行の確認をうながすメッセージが表示されます。操作を続けるには、ここで＜はい＞をクリックします。

7 ドライバーのインストールが始まる

VirtualBoxが使用する、仮想マシン向けデバイスドライバーのインストールをうながされます。＜"Oracle Corporation"からのソフトウェアを常に信頼する＞にチェックが付いていることを確認して①、＜インストール＞をクリックします②。

> **Memo**
>
> ＜"Oracle Corporation"からのソフトウェアを常に信頼する＞のチェックを外した場合、USBコントローラーや仮想ネットワークアダプターなど、ここでの操作を含めて3回の確認を求められます。

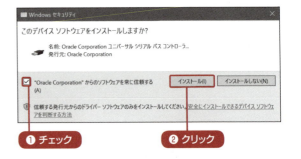

8 VirtualBoxのインストールが完了する

しばらくすると、VirtualBoxのインストールは完了します。＜Start Oracle VM VirtualBox X.X.XX after installation＞にチェックが付いているのを確認して①、＜Finish＞をクリックします②。

> **Memo**
>
> この後、セットアッププログラムは終了して「Oracle VM VirtualBoxマネージャー」が起動します。続いて、仮想マシンを制作します。

仮想マシンを作成する

1 仮想マシンの作成ウィザードを実行する

Ubuntuを実行するための仮想マシンを作成しましょう。＜新規＞をクリックします①。

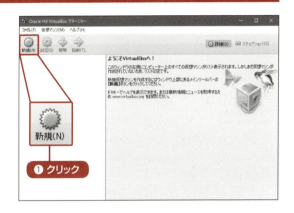

2 仮想マシン名を入力する

「名前」のテキストボックスに「Ubuntu」と入力すると①、仮想マシンのタイプやバージョンが自動的に設定されます②。通常は、そのまま＜次へ＞をクリックします③。

Memo

パソコンのハードウェア構成によっては、②のバージョンは「Ubuntu (32-bit)」しか選択できません。その場合はUbuntu.comの「Alternative downloads」のページ（http://www.ubuntu.com/download/desktop）で32ビット版のISOイメージをダウンロードします。なお、本書の執筆時点では、ファイル共有ソフトのBitTorrent版のみ公開されています。

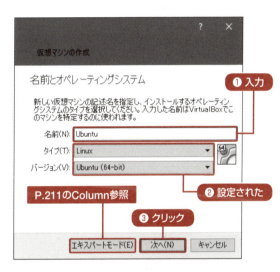

3 仮想マシン用メモリーを割り当てる

仮想マシンに割り当てるメモリーを選択します。既定では768MBになっていますが、ホストマシンとなるパソコンに余裕がある場合はスライダーを右に動かして①、多めに割り当ててから、＜次へ＞をクリックします②。

4 仮想マシン用ストレージを作成する

<仮想ハードディスクを作成する>が選択されていることを確認して①、<作成>をクリックします②。

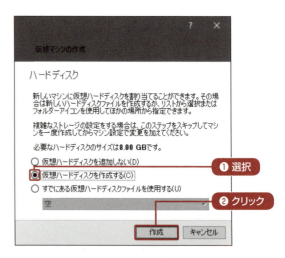

Memo

既定の仮想マシン用ストレージ容量は8GBしかなく、少々心許ない状態です。ここではエキスパートモード（P.209 手順2参照）を使ってサイズを変更しますが、8GBでよい場合は手順5で<次へ>をクリックします。

5 ストレージの種類を選択する

<VDI>が選択されていることを確認して①、<エキスパートモード>をクリックします②。

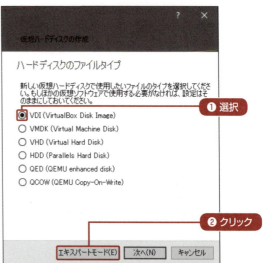

Memo

仮想環境ソフトウェアはいろいろな種類があり、仮想マシン用ストレージとして、それぞれ異なるファイルタイプを使用します。VirtualBoxはそれらのファイルタイプに対応しており、この画面で選択できます。

6 ストレージのサイズを変更する

スライダーを右方向に動かして①、仮想マシン用ストレージのファイルサイズを設定し、<作成>をクリックします②。

Memo

仮想マシンでUbuntuをテストする場合は、初期状態の8GBでも構いませんが、本格的に動作検証をする場合は、最低でも20GBは用意しましょう。

7 仮想マシンを起動する

これで準備は完了しました。光学ドライブに本書付録DVD-ROMを挿入して、＜起動＞をクリックします①。

> **Memo**
>
> Windowsの「自動再生」画面が表示されたら、＜閉じる＞をクリックします。「起動ハードディスクを選択」画面が表示されたら、DVD-ROMを挿入しているドライブを選択して＜起動＞をクリックします。また、Windowsファイアウォールの設定変更をうながされた場合は、＜アクセスを許可する＞をクリックします。

8 Ubuntuのインストーラーが起動する

仮想マシンが起動すると、光学ドライブからUbuntuのインストーラーが起動します①。以降は、P.16の「パソコンにUbuntuをインストールしよう」を参考にUbuntuをインストールします。

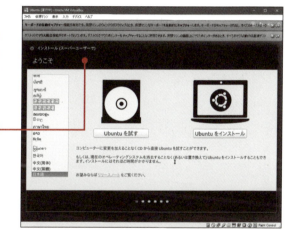

■ Column

エキスパートモードとは？

VirtualBoxの仮想マシンの作成方法は「ガイド付きモード」と「エキスパートモード」の2種類があります。本書で解説している「エキスパートモード」は、P.209の手順2で＜エキスパートモード＞をクリックすることで、最初から仮想マシン名とOS、仮想マシン用メモリーの割り当て設定が可能です。

Appendix 付録

02 仮想環境にインストールしたUbuntuの使い方

仮想マシンにインストールしたUbuntuを使うには、VirtualBoxの基本的な操作方法を覚えておく必要があります。とくにキーボード操作はWindows 10と仮想マシン上のUbuntu両者で使用するため、ショートカットキーを使って使い分ける必要があります。

仮想マシン上のUbuntuを操作する

1 仮想マシンを起動する

VirtualBoxを起動し、Ubuntuの仮想マシンが選択されていることを確認してから①、＜起動＞ボタンをクリックします②。

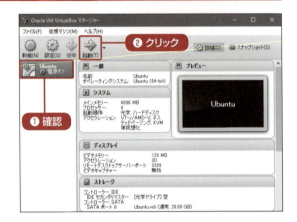

Memo

VirtualBoxは、Windows 10のスタートメニューや検索ボックスを使って起動します。必要に応じて、スタートメニューやタスクバーにピン留めすると起動しやすくなります。なお、VirtualBoxの正式名称は「Oracle VM VirtualBox」です。

2 キーボード&マウスが仮想マシンへ

仮想マシンが起動すると、キーボードの自動キャプチャーとマウス統合機能が立ち上がります①。VirtualBoxが発するメッセージをクリックすると、内容を確認できます②。⊠をクリックすると③、メッセージを削除して次回以降は表示されなくなります。

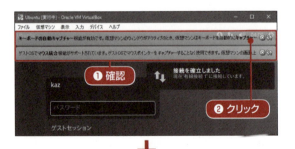

Memo

「キーボードの自動キャプチャー」は、仮想マシンのウィンドウがアクティブ（前面）な状態では、入力したキーはすべて仮想マシンに渡されます。既定のホストキーとして設定された右の[Ctrl]キーを押すとキャプチャーを解除し、Windows 10に対するキー入力が可能になります。再びUbuntuを操作する場合は仮想マシンのウィンドウをクリックします。

3 「マウス統合」の状態を確認する

仮想マシンのステータスバーには、ゲストOS（Ubuntu）で使用できるデバイスのほかに、「マウス統合」①、キーボードのキャプチャー状態②、ホストキー名③が示されます。マウス統合のアイコンにマウスポインターを重ねると④、状態を説明するポップアップが現れます⑤。

> **Memo**
> 「マウス統合」は、ホストマシン（Windows 10）とゲストマシン（仮想マシン上のUbuntu）で1つのマウスを共有する機能です。本来はVirtualBoxのGuest Additionsのインストールが必要ですが、Ubuntu 16.04 LTSには同等の機能を備えるパッケージが含まれているため、そのまま使用できます。

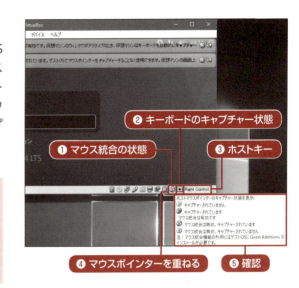

4 仮想マシンを保存する

仮想マシンのウィンドウ右上にある×＜閉じる＞ボタンをクリックし①、＜仮想マシンの状態を保存＞をクリックして選択してから②、＜OK＞をクリックします③。

> **Memo**
> 仮想マシンを終了する方法は2つあります。1つは、ゲストOS（Ubuntu）をシャットダウンする方法です。もう1つは、ゲストOSのメモリー内容などをそのままファイルに「保存」する方法です。この場合、次回の起動時には、保存状態のままゲストOSが復元されるため、すばやい操作が可能になります。

5 VirtualBoxを終了する

仮想マシンを終了もしくは保存してから、VirtualBoxのウィンドウ右上にある×＜閉じる＞ボタンをクリックします①。

> **Memo**
> VirtualBoxのウィンドウ（＝Oracle VM VirtualBoxマネージャー）に並ぶ仮想マシン名の下には、仮想マシンの状態が表示されます。右図では、手順4で保存の操作を行ったため「保存」になります。仮想マシンが稼働中の場合は「実行中」、シャットダウンで終了している場合は「電源オフ」となります。

Appendix 付録

03 UbuntuとWindowsを両方使えるようにしよう

WindowsパソコンにUbuntuをインストールすると、必要に応じて2つのOSを切り替えて利用できます。ここでは、Windows 10パソコンに空き領域を作成してUbuntuをインストールする方法と、Ubuntuを削除してパソコンをもとに戻す方法を解説します。

インストール場所を確保する

1 「ディスクの管理」を起動する

Windows 10の検索ボックスに「ディスクの管理」と入力し①、検索結果の＜ハードディスクパーティションの作成とフォーマット＞をクリックします②。

Memo
ここでは1台のHDD（ハードディスクドライブ）を搭載したWindows 10パソコンを使用して解説しています。

2 ボリュームを縮小する

Windows 10がインストールされているボリューム（領域）を右クリックし①、＜ボリュームの縮小＞をクリックします②。

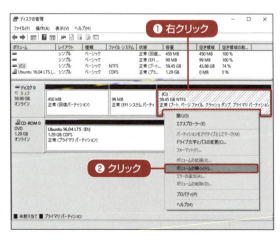

Memo
複数のディスクがある場合は、別ディスクのボリュームも選択できます。

214

3 サイズを指定する

「縮小する領域のサイズ」にUbuntuで使用する容量をMB（メガバイト）単位で入力し①、＜縮小＞をクリックします②。

Memo

Windows 10 とUbuntuでストレージを半分ずつ分け合うイメージで設定するとかんたんです。なお、Ubuntu 16.04LTSは最低でも10GB（10 ギガバイト≒10240Mバイト）以上の容量が必要です。

4 ボリュームが縮小した

Ubuntuをインストールする場所（領域）を確保しました①。Xをクリックして②、「ディスクの管理」を終了します。

Memo

再起動をうながされた場合は、一度 Windows 10 を再起動して、その後にUbuntuのインストールに進みます。Ubuntuのインストールが完了すると、ここで作成した空き領域は、Ubuntu専用の領域とメモリーの待避で利用するスワップ領域になります。

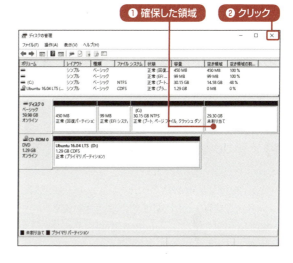

Ubuntuをインストールする

1 GRUBメニューから操作する

P.28の「DVDからUbuntuを起動する」を参考に、本書の付属DVDからパソコンを起動し、カーソルキーで「Install Ubuntu」を選択して①、Enterキーを押します②。

2 Ubuntuのインストーラーが起動する

しばらくするとUbuntuのインストーラーが起動するので、＜続ける＞をクリックします①。インストールオプションは必要に応じてクリックして選択し②、＜続ける＞をクリックします③。

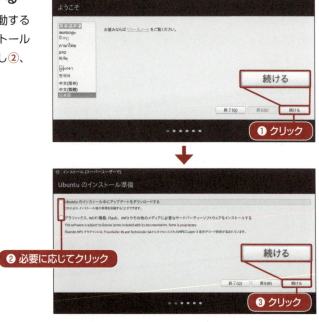

3 Windowsとは別にインストールする

インストーラーがWindowsの存在を検知すると、＜UbuntuをWindows Boot Managerとは別にインストールする＞という選択肢が表示されます。これが選択されていることを確認して①、＜インストール＞をクリックします②。

📝Memo

「Windows Boot Manager」はWindowsが使用するOSブートローダーの一種です。

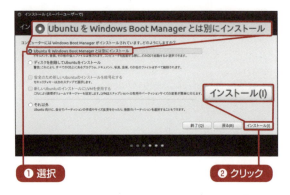

4 ディスクへの書き込みの確認画面が表示される

ディスクへの書き込みの確認画面が表示されます。ここでは、WindowsとUbuntuを共存させるためにパーティションテーブルを変更し①、「インストール場所を確保する」で作成した領域を初期化して②、Ubuntuをインストールするよう設定されています。確認後、＜続ける＞をクリックします③。

📝Memo

以降の操作はP.16の「パソコンにUbuntuをインストールしよう」と同じです。

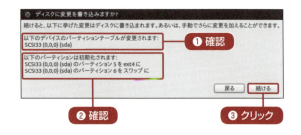

パソコンを起動する

1 GRUBメニューが表示される

インストールの完了後、パソコンの電源を入れるとGRUBが起動します①。そのまま Enter キーを押します②。

📝 **Memo**

既定で＜Ubuntu＞が選択されているため、何も操作しないと10秒後にUbuntuの起動が始まります。

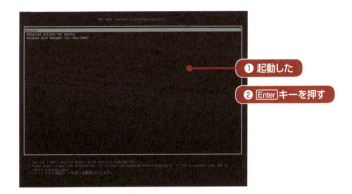

❶ 起動した
❷ Enter キーを押す

2 Ubuntuが起動する

Ubuntuのログイン画面が表示されたら、アカウントのパスワードを入力してログインします①。

📝 **Memo**

Windowsのボリュームは、ランチャー上に「××GBボリューム」という名前で表示されます。このボリューム内のフォルダーやファイルを移動・削除すると、Windowsを起動できなくなるので注意しましょう。

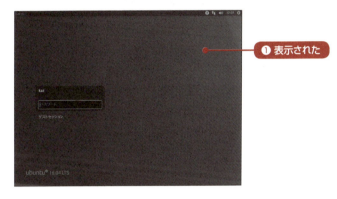

❶ 表示された

📖 Column

Windowsを起動する

一般的なコンピューターは電源投入時に、OSの起動など基本的なプログラムを実行するブートローダーが必要です。Ubuntuのインストーラーは、Linuxディストリビューションで広く使われている「GNU GRUB」をブートローダーとしてインストールし、GRUB経由でWindows 10のブートローダーが参照する「Windows Boot Manager」を起動するしくみになっています。したがって、手順1で＜Windows Boot Manager＞をカーソルキーで選択し①、 Enter キーを押すと②、Windows10が起動します③。

❶ 選択 ❷ Enter キーを押す
❸ 起動した

不要になったUbuntuを削除する

1 ボリュームを削除する

P.214を参考にWindows 10で「ディスクの管理」を起動し、Ubuntuのボリュームを右クリックし①、＜ボリュームの削除＞をクリックします②（この操作でスワップのボリュームも削除されます）。

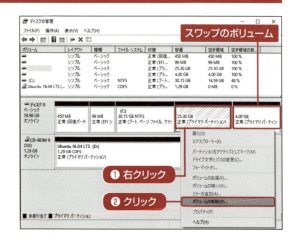

Memo
必要に応じて、事前にUbuntu側で作成したユーザーデータをバックアップします。

2 削除を実行する

確認をうながすメッセージが表示されます。＜はい＞①→＜はい＞②の順にクリックします。

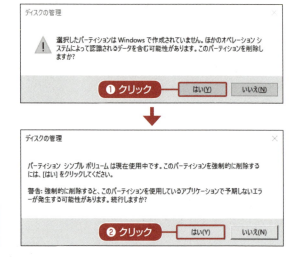

Memo
パソコンのハードウェア構成や使用環境によっては、②の画面は表示されない場合があります。

3 ボリュームを拡張する

Windows 10のボリュームを右クリックし①、＜ボリュームの拡張＞をクリックします②。

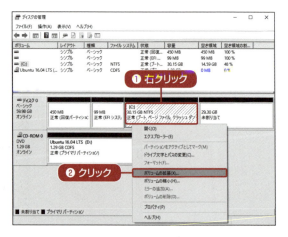

4 ウィザードから実行する

「ボリュームの拡張」ウィザードが起動したら＜次へ＞をクリックし①、「最大ディスク領域」のサイズがUbuntu用に割り当てたサイズと同じであることを確認して②、＜次へ＞をクリックします③。

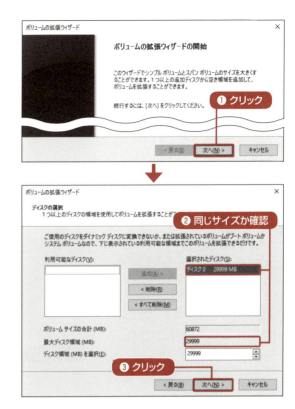

5 ボリュームサイズがもとに戻った

＜完了＞をクリックすると①、Windows 10のボリュームサイズがもとに戻ります②。

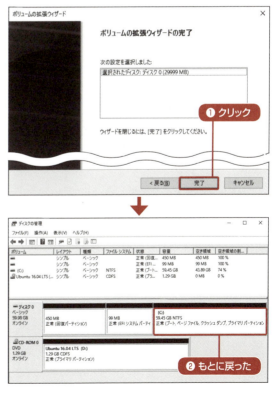

ブートマネージャーをクリーンアップする

1 パソコンを再起動する

Windows 10を起動したら＜スタート＞①→＜電源＞の順にクリックし②、Shiftキーを押しながら＜再起動＞をクリックします③。

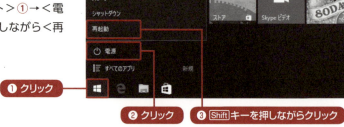

2 詳細オプションを呼び出す

「オプションの選択」が起動したら、＜トラブルシューティング＞①→＜詳細オプション＞の順にクリックします②。

3 コマンドプロンプトを起動する

「詳細オプション」では＜コマンドプロンプト＞をクリックします①。

📝Memo

利用しているパソコンによっては、一度パソコンが再起動し、GRUBメニューが表示されます。「exit」と入力してEnterキーを押すと、手順3の画面が表示されます。

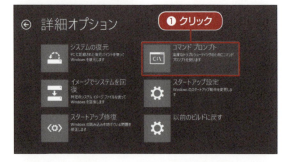

4 ユーザーを選択する

ユーザーの選択を求められるのでクリックし①、テキストボックスにWindowsのアカウントのパスワードを入力して②、＜続行＞をクリックします③。

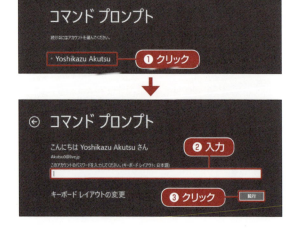

5 コマンドプロンプトから操作する

コマンドプロンプトが起動したら「bootsect /nt60 ALL」と入力して①、Enterキーを押します②。コマンドの処理が完了したら「exit」と入力し③、Enterキーを押します④。

❶入力　❷Enterキーを押す

❸入力　❹Enterキーを押す

Memo

「bootsect」コマンドを使って、パーティションのマスターブートコードを更新し、ブートセクターを復元しています。

6 パソコンを起動する

もとのメニューに戻ったら、＜続行＞をクリックすると①Windows 10が正しく起動します。

❶クリック

Memo

手順6のあとにGRUBメニューが表示された場合は、「exit」と入力してEnterキーを押します。その後、下記Columnを参考にUbuntuのブートマネージャーを削除します。

Column

UEFI環境の場合

ここでの解説はBIOS環境の場合ですが、UEFI環境の場合、ブートマネージャーがUEFIの管理領域にインストールされる場合があります。その際は利用しているパソコンのマニュアルを参考にUEFIのブートマネージャーを開き、Ubuntuのブートマネージャーを削除します。

UEFIのブートマネージャーにUbuntuのブートマネージャー（GRUB）が最優先順位として残っている

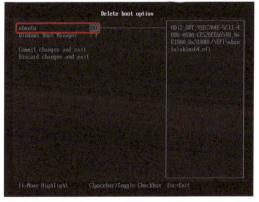

Ubuntuのブートマネージャーを削除の対象として選択し、削除を実行する

索引

数字・アルファベット

2分割	38
Amarok	137
Amazon.co.jp デジタルミュージック	130
Amazonアカウント	131
Audacious	136
Banshee	137
Base	141
Bash on Ubuntu on Windows	11
BIOS	16
Brasero	121
Calc	140, 146
Clementine	136
Dash	32, 40
Draw	141
Dropbox	188
Dropboxへのアップロード	190
Facebook	111
Fcitx	46
GDebi	64
GNOME	13
GNOME MPV	120
GNU GPL	11
Google Chrome	64
GSmartControl	168
Gufw Firewall	200
HandBrake	118
Impress	141, 150
Inkscape	169
ISOイメージ	24
LibreOffice	140
LTS版	13
Mozc	46
Mozilla Firefox	48
MP3	124
MPEG-4	118
mpv	120
Nautilus	84
PiTiVi	121
qpdfview	167
Rhythmbox	124
Samba	201
Sayonara	137
Shotwell	102
Synaptic Package Manager	169
Thunderbird	68
Tweak Tool	173, 182
Ubuntu Installation Guide	14
Ubuntu Software	114, 122
Ubuntu Studio	138
Ubuntu／仮想マシンの終了	31, 213
Ubuntuソフトウェアセンター	122
Ubuntuの起動	30
Ubuntuの削除	218
UEFI	17, 221
Unity Tweak Tool	168
UNIX	11
Viewnior	166
VirtualBox	206
VLCメディアプレイヤー	114, 166
Writer	140, 142
Xfce	169
XnView MP	121

あ～か行

アーカイブ	79
赤目補正	106
アクセスコントロール	115
圧縮	98
アップデート	22, 202
アドレス帳	80
アプリのインストール	162
アプリの起動	34
アプリメニュー	33
ウィンドウの移動	37
ウィンドウの最大化	36
ウィンドウの最小化	37
エキスパートモード	211
ガイド付きモード	211
仮想化環境	207
仮想マシン	209
仮想マシンの保存	213

INDEX

傾き補正	106
関連付け	167
キーボードショートカット	172
既定のアプリ	173
既定の動作	173
切り抜き	107
記録用アドレス帳	71
クイックフィルタ	78
クラシックメニュー・インジケーター	167
検索エンジン	51, 52
検索バー	50
個人用アドレス帳	71
コマンドプロンプト	221
ゴミ箱	90
コントラスト	105

さ行

再生	115, 125
システム設定	170
システム負荷インジケーター	168
自動バックアップ	193
ショートカットキー	187
初期化	155, 192
署名	70
新規フォルダー	88
スマートフォン	128
スライド	152
セキュリティのルール	201
セルの書式設定	149
外付けハードディスク	154

た～な行

タグ	107
タブ	54
タブレット	128
端末	133
調整	106
通知領域	33
ディスクの管理	214
テーマ	178
デスクトップ	32
展開	100
添付ファイル	74
テンプレート	145
同期	61
日本語入力	44
ネットワークプリンター	160

は～ま行

背景画像	179
バックアップメディア	192
表示形式	86
ピン留め	103
ファイル／フォルダーの移動	92
ファイル／フォルダーのコピー	93
ファイル／フォルダーの削除	90
ファイルの検索	96
フォーマット	155, 192
ブートマネージャ	220
復元	197
ブックマーク	58
プラグイン	132
プリンター	158
プレイリスト	126
ホームフォルダー	84
ホームページ	60
無線LAN	156
メールアカウント	68, 71
メールの受信	72
メールの送信	73
メールの振り分け	76

や～わ行

ユーザーアカウント	174
ライブCD	28
ランチャー	32, 40
ランチャーのアイコンの入れ替え	41
ランチャーのアイコンの登録	40
リポジトリ	132
ログアウト	31
ロケーションバー	50
ロック画面	171
ワークスペース	184
ワンクリック検索エンジン	51

お問い合わせについて

本書に関するご質問については、本書に記載されている内容に関するもののみとさせていただきます。本書の内容と関係のないご質問につきましては、一切お答えできませんので、あらかじめご了承ください。また、電話でのご質問は受け付けておりませんので、必ずFAXか書面にて下記までお送りください。
なお、ご質問の際には、必ず以下の項目を明記していただきますようお願いいたします。

1. お名前
2. 返信先の住所またはFAX番号
3. 書名（今すぐ使えるUbuntu入門ガイド　Linuxをはじめよう）
4. 本書の該当ページ
5. ご使用のOSのバージョン
6. ご質問内容

なお、お送りいただいたご質問には、できる限り迅速にお答えできるよう努力いたしておりますが、場合によってはお答えするまでに時間がかかることがあります。また、回答の期日をご指定なさっても、ご希望にお応えできるとは限りません。あらかじめご了承くださいますよう、お願いいたします。

問い合わせ先

〒162-0846
東京都新宿区市谷左内町21-13
株式会社技術評論社　書籍編集部
「今すぐ使えるUbuntu入門ガイド　Linuxをはじめよう」質問係
FAX番号　03-3513-6167

http://book.gihyo.jp

お問い合わせの例

FAX

1. **お名前**
   技術　太郎
2. **返信先の住所またはFAX番号**
   03-XXXX-XXXX
3. **書名**
   今すぐ使えるUbuntu入門ガイド
   Linuxをはじめよう
4. **本書の該当ページ**
   22ページ
5. **ご使用のOSのバージョン**
   Ubuntu 16.04 LTS
6. **ご質問内容**
   手順2の操作をしても、手順3の画面が表示されない

※ご質問の際に記載いただきました個人情報は、回答後速やかに破棄させていただきます。

今すぐ使える
Ubuntu入門ガイド　Linuxをはじめよう

2016年11月10日　初版　第1刷発行

著　者●阿久津良和
発行者●片岡　巌
発行所●株式会社　技術評論社
　　　　東京都新宿区市谷左内町21-13
　　　　電話　03-3513-6150　販売促進部
　　　　　　　03-3513-6160　書籍編集部
装丁●和田奈加子
本文デザイン●オンサイト
編集・DTP●オンサイト
担当●田村佳則（技術評論社）
製本／印刷●株式会社　加藤文明社

定価はカバーに表示してあります。

落丁・乱丁がございましたら、弊社販売促進部までお送りください。交換いたします。
本書の一部または全部を著作権法の定める範囲を超え、無断で複写、複製、転載、テープ化、ファイルに落とすことを禁じます。

©2016 阿久津良和

ISBN978-4-7741-8427-2 C3055

Printed in Japan